U0082297

天然珍寶

珍珠寶石與藝術特色

李文靜 編著

崧燁文化

目錄

序言 天然珍寶

文化是民族的血脈，是人民的精神家園。

文化是立國之根，最終體現在文化的發展繁榮。博大精深的中華優秀傳統文化是我們在世界文化激盪中站穩腳跟的根基。中華文化源遠流長，積澱著中華民族最深層的精神追求，代表著中華民族獨特的精神標識，為中華民族生生不息、發展壯大提供了豐厚滋養。我們要認識中華文化的獨特創造、價值理念、鮮明特色，增強文化自信和價值自信。

面對世界各國形形色色的文化現象，面對各種眼花撩亂的現代傳媒，要堅持文化自信，古為今用、洋為中用、推陳出新，有鑑別地加以對待，有揚棄地予以繼承，傳承和昇華中華優秀傳統文化，增強國家文化軟實力。

浩浩歷史長河，熊熊文明薪火，中華文化源遠流長，滾滾黃河、滔滔長江，是最直接源頭，這兩大文化浪濤經過千百年沖刷洗禮和不斷交流、融合以及沉澱，最終形成了求同存異、兼收並蓄的輝煌燦爛的中華文明，也是世界上唯一綿延不絕而從沒中斷的古老文化，並始終充滿了生機與活力。

中華文化曾是東方文化搖籃，也是推動世界文明不斷前行的動力之一。早在五百年前，中華文化的四大發明催生了歐洲文藝復興運動和地理大發現。中國四大發明先後傳到西方，對於促進西方工業社會發展和形成，曾造成了重要作用。

中華文化的力量，已經深深熔鑄到我們的生命力、創造力和凝聚力中，是我們民族的基因。中華民族的精神，也已深深植根於綿延數千年的優秀文化傳統之中，是我們的精神家園。

總之，中華文化博大精深，是中華各族人民五千年來創造、傳承下來的物質文明和精神文明的總和，其內容包羅萬象，浩若星漢，具有很強文化縱深，蘊含豐富寶藏。我們要實現中華文化偉大復興，首先要站在傳統文化前沿，薪火相傳，一脈相承，弘揚和發展五千年來優秀的、光明的、先進的、科學的、文明的和自豪的文化現象，融合古今中外一切文化精華，構建具有

中華文化特色的現代民族文化，向世界和未來展示中華民族的文化力量、文化價值、文化形態與文化風采。

為此，在有關專家指導下，我們收集整理了大量古今資料和最新研究成果，特別編撰了本套大型書系。主要包括獨具特色的語言文字、浩如煙海的文化典籍、名揚世界的科技工藝、異彩紛呈的文學藝術、充滿智慧的中國哲學、完備而深刻的倫理道德、古風古韻的建築遺存、深具內涵的自然名勝、悠久傳承的歷史文明，還有各具特色又相互交融的地域文化和民族文化等，充分顯示了中華民族厚重文化底蘊和強大民族凝聚力，具有極強系統性、廣博性和規模性。

本套書系的特點是全景展現，縱橫捭闔，內容採取講故事的方式進行敘述，語言通俗，明白曉暢，圖文並茂，形象直觀，古風古韻，格調高雅，具有很強的可讀性、欣賞性、知識性和延伸性，能夠讓廣大讀者全面觸摸和感受中華文化的豐富內涵。

肖東發

天賜國寶 天然寶石

　　中國是世界上最早飾用寶石的古老國家之一，可追溯到新石器時代的早期。育玉品石是中華文化的重要組成之一，也是世界文化的重要組成部分。

　　中國也是世界上重要的寶石產地之一，寶石資源較為豐富，寶石種類繁多，並且有幾千年的開採和利用的歷史。在眾多寶石中，最為貴重的是鑽石。

　　除此之外，中國其它天然寶石也較豐富，主要有紅寶石、藍寶石、祖母綠、綠松石、碧璽、雨花石、翡翠、孔雀石、水晶、青金石、瑪瑙、貓眼石等品種，各自不僅具有珍貴的價值，還蘊含有深刻的文化內涵。

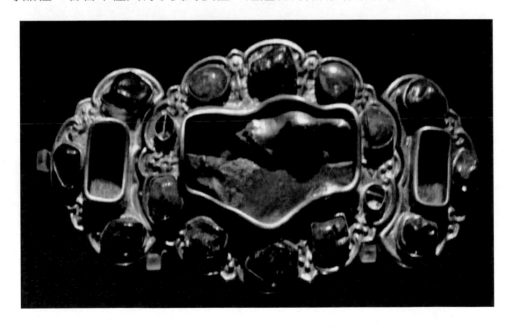

▍寶石之王──鑽石

■天然金剛石

遠古時代的黃金開採主要靠淘洗砂金，人們在淘金過程中偶爾發現了其中雜有一些閃光的石子，這些石子無論怎樣淘洗都不磨損，這就是金剛石，也就是人們所說的鑽石。

金剛之名，初見佛經，取義與金有關。《大藏法數》稱：「跋折羅，華言金剛，此寶出於金中。」金剛的含義是堅固、銳利，能摧毀一切。

文化是人類獨特的標誌，鑽石具有獨特的標誌意義。自古以來，鑽石一直被人類視為權力、威嚴、地位和富貴的象徵。其堅不可摧、攻無不克、堅貞永恆和堅毅剛強的特質，是人類永遠追求的目標，具有潛在的、巨大的文化價值。

在古老的傳說中，鑽石被人認為是天神降臨時灑下的天水所形成，而鑽石在梵文裡是雷電的意思，所以人們又覺得鑽石是由雷電產生。古人大多覺得鑽石是隕落星星的碎片，更有一部分人覺得是天神的淚滴。

傳說鑽石的前世是一位勇猛無比的國王，他不僅出生純潔，其平生所作所為光明磊落，當他在祭壇上焚身後，他的骨頭就變成了一顆顆鑽石的種子。

眾神均前來劫奪，他們在匆忙逃走時從天上灑落下一些種子，這些種子就是蘊藏在高山、森林、江河中，堅硬、透明的金剛石。

中國的鑽石文化歷史悠久，如良渚文化和三星村文化所發現高度拋光、能照出人影來的四件剛玉石斧，表明四千年前的古人很可能已經使用了金剛石粉末加工這些剛玉斧頭。而其中最早的記載見於公元前一〇〇五年，在中國玉雕文化的發展中有重要的作用。

據說，早在公元前三〇〇年前，天子的御座上就有鑽石鑲嵌。鑽石晶瑩剔透、高雅脫俗，象徵著純潔真實、忠誠勇敢、沉著冷靜、安靜自如、穩如泰山。從那時起，人們把鑽石看成是高尚的標誌。

早在春秋時期老子所著《道德經》中，就有關於鑽石的文字記載，稱「金剛」，文中說：「金剛者不可損也……」

中國最早關於鑽石的器物，如《列子·湯問》提到一種鑲有金剛石的輥鋢之劍，和漢代《十洲記》提到的切玉刀也都鑲有鑽石。

切玉刀據說是天下最鋒利的寶刃，也稱「昆吾刀」。晉張華《博物誌》記載：「《周書》曰：西域獻火浣布，昆吾氏獻切玉刀。火浣布汙則燒之則潔，刀切玉如膈。」

自漢以後，中國古書多有鑽石的記載，《南史·西夷傳》中說：「呵羅單國於南北朝宋文帝無嘉七年，遣使獻金剛指環。」

南朝學者劉道薈著的《晉起居注》中，第一次闡述了金剛石與黃金的關係，該書記載：

「咸寧三年，敦煌上送金剛石，生金中，百淘不消，可以切玉。」

就是說，金剛石出自黃金，來自印度，可以切玉，怎麼淘洗都不會消減，或者說怎麼使用都不會磨損。這段記載不僅表明金剛石在中國玉雕文化發展中有著重要的作用，還包含了古人如何發現金剛石的科學思想。

鑽石作為首飾是在唐朝的玄奘取經後，透過絲綢之路傳入中國。

宋代陸游〈憶山南〉詩之二：「打球駿馬千金買，切玉名刀萬里來。」

金元代好問〈贈嵩山侍者學詩〉詩：「詩為禪客添花錦，禪為詩家切玉刀。」

鑽石還有一名字叫「金剛鑽」，最早出現在唐玄宗李隆基撰《唐六典》中：

「赤麖皮、瑟瑟、赤畦、琥珀、白玉、金剛鑽……大鵬砂出波斯及涼州。」

明代包括李時珍在內的一些學者，在研究金剛石時發現，金剛石不但可切割玉石，還能在玉器或瓷器上鑽眼。如《本草綱目》記載：「金剛石砂可鑽玉補瓷，故謂之鑽。」

約在清代末年，金剛石就逐漸稱為鑽石了，其詞義顯然來自上述的「金剛鑽」，兩者在內涵和外延方面相等，即「金剛石」與「鑽石」在含義上一樣。

清朝道光年間，湖南西部農民在沅水流域淘金時，先後在桃源、常德、黔陽一帶發現了鑽石。

與鑽石相關的，還有一個流傳很久的蛇谷故事：傳說在一個山谷中，滿地都是鑽石，但是凡人不可能輕易取到，因為有很多巨蟒守護著，就連看到巨蟒的目光都會死亡，更別說是取鑽了。

有一個很有智慧的國王成功地取得了鑽石，他利用鏡子反光的原理讓巨蟒死在自己的目光裡。又把一些帶著血腥的羊肉丟向山谷的鑽石上，那樣利用禿鷹捕食、飛向山頂的機會將禿鷹殺死，取得鑽石。

與此類似的，中國的伊斯蘭教徒中，流傳著一個辛巴達以肉餵鳥，借鳥取鑽的故事：

辛巴達本來一個人過著靜謐的隱居生活，但他突然想去俗世走走，於是乘船任隨風浪把他飄到了一個美麗的島上。

當他走向溪谷的時候，看見了滿地的鑽石，但是要想安全路過甚至拿取鑽石卻沒有那麼容易，因為有很多巨蟒守候著。

這時候他學著曾經聽過「蛇谷」故事中的方法，把自己裹在肉塊裡，在正午時分禿鷹就會抓起這個肉，帶領著辛巴達離開安全地帶。

他就是借用了採鑽者的方法，把牲畜的肉撕爛灑在鑽石上，那樣禿鷹就會抓起沾滿鑽石的肉飛回山頂，採鑽者就可以嚇走禿鷹得到鑽石。

在古代，金剛石的磨工只有極少數工匠才能掌握，不同地區的各個工匠，磨出的鑽石差別很大，所以磨好的成品常常不甚理想。

至清代，鑽石多被應用於王宮貴族的首飾中。鑽石首飾基本分為耳飾、頸飾、手飾、足飾和服飾五個大類。

耳飾包括耳釘，耳環，耳線，耳墜。項飾包括項鏈，吊墜，項圈。手飾包括戒指，手鐲，手鏈。足飾包括：腳鏈、腳環。服飾專指服裝上的飾物，包括領花、領帶夾、胸飾、袖扣。

如翡翠鑽石珠鏈及耳墜一對，白色金屬鑲嵌，配鑲鑽石，粒徑〇點一三公分，鏈長四十三點一公分，鑽石與翡翠、白金交相輝映，殊為華貴。

再如翡翠鑲鑽石珠鏈，共用鑽石三點八克拉，翡翠珠徑僅〇點三五公分至〇點五八公分，翠色濃艷，鑽色星光閃爍，精美異常。

而比較流行的戒指款式有翡翠卜方鑽石戒指、翡翠蛋面鑽石戒指、翡翠蟾蜍鑽石戒指、彩色鑽石戒指等。

【閱讀連結】

中國利用金剛石的歷史非常悠久，但中國使用現代探礦手段大規模開採金剛石的歷史只有一百年左右。

中國的金剛石探明儲量和產量均居世界第十名左右，年產量二十萬克拉。中國於公元一九六五年，先後在貴州省和山東省找到了慶伯利岩和鑽石原生礦床。

公元一九七一年在遼寧省瓦房店找到了鑽石原生礦床。目前仍在開採的兩個鑽石原生礦床分布於遼寧省瓦房店和山東省蒙陰地區。鑽石砂礦則見於湖南省沅江流域，西藏、廣西以及跨蘇皖兩省的郯廬斷裂等地。

　　遼寧省瓦房店、山東省蒙陰、湖南省沅江流域鑽石都是慶伯利岩型，但湖南省尚未找到原生礦，其中遼寧省的品質好，山東省的體積較大。

玫瑰石王——紅寶石

紅寶石是一種名副其實的貴寶石，是指顏色呈紅色、粉紅色的剛玉，它是剛玉的一種，又被稱為玫瑰紫寶石，可見這種寶石的紅色很接近玫瑰的紅色。

紅寶石質地堅硬，硬度僅在鑽石之下。而且這種血紅色的紅寶石最受人們珍愛，俗稱「鴿血紅」，這種幾乎可稱為深紅色的、鮮豔的強烈色彩，更把紅寶石的真面目表露得一覽無餘，象徵著高尚、愛情和仁愛。

相傳，古代武士在作戰之前，有時會在身上割開一個小口，將一粒紅寶石嵌入，認為這樣就可以刀槍不入。

同時，由於紅寶石瀰漫著一股強烈的生氣和濃豔的色彩，以前的人們認為它是不死鳥的化身，對其產生熱烈的幻想，傳說左手戴一枚紅寶石戒指或左胸戴一枚紅寶石胸針，就有化敵為友的魔力。

中國《後漢書·西南夷傳》就有對紅寶石的記載：

「永昌郡博南縣有光珠穴，出光珠。珠有黃珠、白珠、青珠、碧珠。」

當時稱其為「光珠」，表明在東漢時期就已辨識紅、藍寶石了。

而《後漢書·東夷列傳》中稱紅寶石為「赤玉」。據記載，東漢時期「扶餘國，在玄菟北千里。南與高句麗、東與挹婁、西與鮮卑接，北有弱水。地方兩千里，本濊地也……出名馬、赤玉、貂狖，大珠如酸棗。」

扶餘位於松花江流域中心，遼寧昌圖縣、吉林洮南縣以北，直至黑龍江省雙城縣以南，都是其國土，國祚長達八百年之久。

《後漢書·東夷列傳》還記載：「挹婁，古肅慎之國也。在扶餘東北千餘里，東瀕大海，南與北沃沮接，不知其北所極。地多山險，人形似夫餘，而言語各異。有五穀、麻布，出赤玉、好貂。」

這裡的「挹婁」是肅慎族系繼「肅慎」稱號後，使用的第二個族稱，從西漢至晉，前後延續六百餘年，至五世紀後，改號「勿吉」。

在秦漢時期，挹婁的活動區域在遼寧東北部和吉林、黑龍江兩省東半部，及黑龍江以北、烏蘇里江以東的廣大地區，而南北朝時，挹婁勢力開始衰落。

《漢武帝內傳》中描述紅寶石稱「火玉」：「戴九雲夜光之冠，曳六出火玉之佩。」

唐人蘇鶚在《杜陽雜編》中對「火玉」有著詳盡的描述，而且這段描述頗具文學性：

「武宗皇帝會昌元年，夫餘國貢火玉三斗及松風石。火玉色赤，長半寸，上尖下圓。光照數十步，積之可以燃鼎，置之室內則不復挾纊，才人常用煎澄明酒。」

「半寸」約是所貢火玉寶物的最大尺寸，這樣的尺寸，可以輕易超過帶紅皮的軟玉、紅瑪瑙、紅色石榴石或是黑曜石。

形狀為「上尖下圓」，表明具備良好的結晶形態，所以不可能是沒有單晶形態的帶紅皮的軟玉、紅瑪瑙或黑曜石，也不可能是圓珠或近似圓珠形狀的紅色石榴石，只能是紅寶石。

「火玉三斗」表示至少有好幾百枚，說明當時該種寶石的開採量不小。

「光照數十步」說明該寶物具備比較突出的反光能力，但也不排除有誇張的成分。「積之可以燃鼎，置之室內則不復挾纊，才人常用煎澄明酒」，就是說可以用它來煮飯、取暖、釀酒，這些都是對該種寶石赤紅似火顏色的一種形象化的比喻和想像而已。

《舊唐書》記載：「渤海本粟末靺鞨，東窮海西、契丹，萬歲通天中，度遼水，後乃建國。地方五千里，盡得扶餘、沃沮、卞韓、朝鮮、海北諸地。」

這裡是說，古代的扶餘在唐以後成為粟末靺鞨的一部。而粟末靺鞨就是粟末水靺鞨，居住於松花江流域。粟末靺鞨與居住在今黑龍江流域的黑水靺鞨，在中國史書上統一稱作「靺鞨」。

而在靺鞨居住地域，就盛產一種紅色寶石，而且就以靺鞨族名命名。《本草綱目》中說「寶石紅者，宋人謂之靺鞨」；《丹鉛總錄》中也說「大如巨栗，中國謂之『靺鞨』」。

宋代高似孫《緯略》引唐代《唐寶記》記載：「紅靺鞨大如巨栗，赤如櫻桃，視之如不可觸，觸之甚堅不可破。」

內蒙古自治區通遼奈曼旗的遼代陳國公主墓中，發現了大量鑲嵌素面紅寶石的飾品。內蒙古自治區阿爾山玫瑰峰也發現有遼代貴族墓葬的素面紅寶石。

這些發現說明：至少從遼代起，東北地區的紅寶石就已有開發。

明清兩代，紅、藍寶石大量用於宮廷首飾，民間佩戴者也逐漸增多。著名的明代定陵發掘中，得到了大量的優質紅、藍寶石飾品。

清代著名的國寶金嵌珠寶金甌永固杯上，鑲有九枚紅寶石。「金甌永固」杯是皇帝每年元旦子時舉行開筆儀式時的專用酒杯。夔龍狀鼎耳，象鼻狀鼎足，杯體滿鏨寶相花，並以珍珠、紅寶石為花心。杯體一面鏨刻「金甌永固」四字。

慈禧太后極喜愛紅寶石，其皇冠上有石榴瓣大小的紅寶石。她死後，殉葬品中有紅寶石朝珠一對，紅寶石佛二十七尊，紅寶石杏六十枚，紅寶石棗四十枚，其他各種形狀的紅、藍寶石首飾與小雕件三千七百九十件。

清代親王與大臣等官銜以頂戴寶石種類區分。其中親王與一品官為紅寶石，藍寶石是三品官的頂戴標記。

一種傳說認為戴紅寶石首飾的人會健康長壽、愛情美滿、家庭和諧、發財致富；另一種傳說認為左胸佩戴一枚紅寶石胸飾或左手戴一枚紅寶石戒指可以逢凶化吉、變敵為友。

山東省昌樂縣發現一顆紅、藍寶石連生體，重六十七點五克拉，被稱為「鴛鴦寶石」，稱得上是世界罕見的奇蹟。

　　另外，在黑龍江省東部牡丹江流域的穆棱，和寧安兩地的殘積坡積砂礦中發現有紅寶石和藍寶石，其中的紅寶石呈現紫紅、玫瑰紅、粉紅等顏色，質地明淨，透明度良好，呈不規則塊狀，最大的超過一克拉。

【閱讀連結】

　　公元二〇〇〇年，紅色石榴石礦在玫瑰峰附近的哈拉哈河上游地區被發現。

　　公元二〇〇一年，中科院地質與地球物理研究所的劉嘉麒院士帶領火山科考隊來此，開啟了阿爾山火山科學寶庫和相關紅寶石礦床研究的大門。

　　哈拉哈河發源於阿爾山市的摩天嶺北坡，屬於黑龍江上游的額爾古納河水系，但在地理位置上與嫩江流域完全接壤，與古代扶餘國、挹婁國出產火玉的地理位置基本一致。

六射星光——藍寶石

■藍寶石原礦

古人曾說，大地就坐在一塊鮮豔靚麗的碧藍寶石上面，而蔚藍的天空就是一面鏡子，是藍寶石的反光將天空映成藍色。相傳藍寶石是太陽神的聖石，因為通透的深藍色而得到「天國聖石」的美稱。

藍寶石也有許多傳奇式的讚美傳說，據說它能保護國王和君主免受傷害和妒忌。在中國古代傳說中，把藍寶石看作指路石，可以保護佩戴者不迷失方向，並且還會交好運，甚至在寶石脫手後仍是如此。

藍寶石與紅寶石有「姊妹寶石」之稱，顏色極為豐富，因為除了紅寶石外，其他顏色的寶石可以統稱為藍寶石，因此藍寶石包括有橘紅、綠、粉紅、黃、紫、褐甚至無色的剛玉，但以純藍色的級別最高。

藍寶石還有人類靈魂寶石之稱，它的顏色非常純淨、漂亮，給人一種尊貴、高雅之感，是藍顏色寶石之王。

藍寶石一直以深邃，凝重著稱。早在公元一千年，人們便認為藍寶石象徵誠實、純潔和道德，顏色最好的藍寶石被稱作「矢車菊藍」。

藍寶石喻義情意深厚的戀人，與傳說中古愛神的神話有關，熱戀中雙方有一方變心時，藍寶石的光澤就會消失，直至下一對深情的戀人出現，它的光澤才會浮現，所以藍寶石也是真摯愛情的象徵。

　　藍寶石使人有一種輕快的感覺，它有展現出體貼和沉穩之美，將它鑲成戒指佩戴，能夠抑制療養心靈的創痛，平穩浮躁的心境，因此在民間廣為流傳。

　　藍寶石有著無窮的誘惑力，是人類最喜愛的寶石之一。而藍寶石首飾，也是人類最廣泛佩戴的首飾。

　　藍寶石中以星光藍寶石最為著名，星光藍寶石是由於內部生有大量細微的絲絹狀金紅石包裹體，而包裹體對光的反射作用，使打磨成弧面形的寶石頂部會呈現出六道星芒。

　　內部結構產生了星光，但也因此降低寶石的透明度，所以星光藍寶石通常介於半透明至透明之間。優質星光藍寶石的六道星線完整透明，其交匯點位於寶石中央，隨著光線的轉動而移動。

　　而藍寶石到了清代才開始廣泛的應用，如清宮金累絲嵌寶石八寶，為紫檀雕花海棠式座，座面金胎上有海水紋。座上起柱，柱正面嵌紅寶石、藍寶石或貓眼石各兩塊，兩邊飾嵌綠松石卷葉。柱上托橢圓形束腰仰覆蓮，蓮瓣紋地上嵌紅珊瑚、青金石飛蝠，綠松石團壽圖案；蓮花束腰周圈嵌紅寶石、藍寶石、貓眼石、碧璽等。蓮花中心起方柱，每柱上立一寶，周身嵌寶石。八寶頂端均為嵌寶石、松石火焰。

　　如清代海藍寶石嬰戲圖鼻煙壺，連碧璽蓋高七公分。

　　嬰戲圖，即描繪兒童遊戲時的畫作，又稱「戲嬰圖」，是中國人物畫的一種。因為以小孩為主要繪畫對象，以表現童真為主要目的，所以畫面豐富，形態有趣。兒童在嬉戲中表現出的生動活潑的姿態，專注喜悅的表情，稚拙可愛的模樣，不只讓人心生憐愛，更能感受到童稚世界的無憂無慮。嬰戲中的兒童姿態多樣，動作誇張，畫面多呈熱鬧愉悅的氣氛。

　　清代藍寶石帶扣，長四點七公分，寬二點二五公分，厚〇點一五公分，帶扣多由銅製，更高級的以金銀製或玉製，藍寶石殊為珍貴，以其製帶扣極為少見。

　　清代銀鎏金鑲嵌藍寶石手鏈，長度十八公分，重量四十點六克。

清代藍寶石蛋形大戒指面，長一點五公分，寬一點二公分，厚〇點六公分，重約二點六克，此品保存良好，包漿入骨，蛋形。

簪子這種傳統飾物，頗具東方古典神韻，挽簪的女子帶著夏季的清涼、搖曳的風情，不由得讓人想起李白〈經離亂後天恩流夜郎憶舊遊書懷贈江夏韋太守良宰〉中「清水出芙蓉，天然去雕飾」的詩句。

另外還有南朝樂府民歌《西洲曲》中描述的江南採蓮女，「採蓮南塘秋，蓮花過人頭，低頭弄蓮子，蓮子清如水！」

簪子是東方婦女梳各種髮髻必不可少的首飾。通常婦女喜歡在髮髻上插飾金、銀、珠玉、瑪瑙、珊瑚等名貴材料製成的大挖耳子簪、小挖耳子簪、珠花簪、壓鬢簪、鳳頭簪、龍頭簪等。簪子的種類雖然繁多，但在選擇時還要根據每個人的條件和身分來定。

比如在清朝，努爾哈赤的福晉和諸貝勒的福晉、格格，製作髮飾的首選為東珠，而兩百年後漸漸被南珠，即合浦之珠所取代。

與珍珠相提並論的還有金、玉等為上乘材料，另外鍍金、銀或銅製，也有寶石翡翠、珊瑚象牙等，做成各種簪環首飾，裝飾在髮髻之上，這若是同進關以後相比，就顯得簡單得多了。

如清代藍寶石雕墜簪子，高十四公分，珠直徑一點二公分，在畸形珠左邊飾一藍寶石雕琢的寶瓶，瓶口插幾枝細細的紅珊瑚枝襯托著一個「安」，在當時藍寶石稀少的情況下，極為罕見。

清代以來，由於受到漢族婦女頭飾的影響，滿族婦女，特別是宮廷貴婦的簪環首飾，越發的講究。

如公元一七五一年，乾隆皇帝為其母辦六十歲大壽時，在恭進的壽禮中，僅各種簪子的名稱就讓人瞠目結舌，如事事如意簪、梅英采勝簪、景福長綿簪、日永琴書簪、日月升恆萬壽簪、仁風普扇簪、萬年吉慶簪、方壺集瑞邊鬢花、瑤池清供邊花、西池獻壽簪、萬年嵩祝簪、天保磬宜簪、卿雲擁福簪、綠雪含芳簪……。

這些髮簪無論在用料上，還是在製作上，無疑都是精益求精的上品。

后妃們頭上戴滿了珠寶首飾，髮簪卻是其中的佼佼者。因而清代后妃戴簪多用金翠珠寶為質地，製作工藝上也十分講究，往往是用一整塊翡翠、珊瑚水晶或象牙製出簪頭和針梃連為一體的簪最為珍貴。

還有金質底上鑲嵌各種珍珠寶石的頭簪，多是簪頭與針梃兩部分組合在一起的，但仍不失其富麗華貴之感。

慈禧還愛美成癖，一生喜歡豔麗服飾，尤其偏愛紅寶石、紅珊瑚、翡翠等質地的牡丹簪、蝴蝶簪。她還下旨令造辦處趕打一批銀製、灰白玉、沉香木等頭簪。

慈禧太后的殉葬品中有各種形狀的紅、藍寶石首飾與小雕件三千七百九十件，其中六十八克拉的大粒藍寶石十八粒，十七克拉左右的藍寶石更是為數眾多。

【閱讀連結】

中國藍寶石在東部沿海一帶玄武岩的許多藍寶石礦床中發現。其中以山東昌樂藍寶石品質最佳，晶體呈六方桶狀，粒徑較大，一般在一公分以上，最大的可達數克拉。

藍寶石因含鐵量高，多呈近於炭黑色的靛藍色、藍色、綠色和黃色，以靛藍色為主。寶石級藍寶石中包裹體極少，除見黑色固態包體之外，尚可見指紋狀包體體。藍寶石中平直色帶明顯，大的晶體外緣可見平行六方柱面的生長線。山東藍寶石因內部缺陷少，屬優質藍寶石。

此外，黑龍江省、海南省和福建省產的藍寶石。顏色鮮豔，呈透明的藍色、淡藍色、灰藍色、淡綠色、玫瑰紅色等，不含或少含包體，不經改色即可應用。

江蘇省產的藍寶石。色美透明，多呈藍色、淡藍色、綠色。但在噴出地表時，火山的噴發力較強，故藍寶石晶體常沿軸面裂開，呈薄板狀，取料較難。

寶石奇葩──祖母綠

■祖母綠原礦

　　祖母綠被稱為「綠寶石之王」，是相當貴重的寶石，其顏色濃豔，純正而美麗，其他綠色寶石都無法與之相比。因其特有的綠色和獨特的魅力，以及神奇的傳說，從它被發現之日即深受人們的喜愛。

　　一般說，好翠是豔綠、鮮綠等色調。而祖母綠則稍許深暗點兒，透明深邃，以青翠悅目的色調備受世人喜愛，被譽為五月誕生石，象徵仁慈、信心、善良和永恆。

　　祖母綠很難找得到無瑕的寶石，實際上，可以說祖母綠寶石中一定多少有裂縫及內含物，其裂縫內含物種類之多之複雜，甚至被愛稱為「花園」。

　　祖母綠的歷史和其他許多珍貴寶石一樣，久遠而豐富多彩，傳說耶穌最後晚餐時所用的聖盃就是用祖母綠雕製。

　　《聖經》中也提到了祖母綠，其〈所羅門歌〉稱：

「耶路撒冷的婦兒們，這是我的所愛，這是我的朋友！他的雙手如同綠寶石裝飾的金環。」

據歷史記載，早在六千多年前，市場上就有祖母綠出售。當時古巴比倫的婦女們特別喜歡佩用祖母綠飾物，被稱為「綠色的石頭」和「發光的石頭」，還有人把它獻於神話中的女神像前。

中國古代的祖母綠是從波斯經「絲綢之路」傳入，漢語的祖母綠一詞也是由波斯語翻譯過來。

元代陶宗儀的《輟耕錄》中的「助木剌」，即指祖母綠。

「祖母綠」之譯法，最早見於明永樂年間，與鄭和一同下西洋的鞏珍在《西洋番國志》中記載的〈忽魯謨廝國〉條：「其處諸番寶物皆有，如祖母碧、祖母綠……」

與鞏珍、鄭和一同下西洋的馬歡所著《瀛涯勝覽》中〈忽魯謨斯國〉的記載：「此處各番寶貨皆有，更有祖母碧、祖母喇。」

後在王實甫的《西廂記》中開始譯為祖母綠，並由此固定，後世相延。

明代馮夢龍《警世通言》中的〈杜十娘怒沉百寶箱〉，其百寶箱中就有祖母綠這種珍貴寶石：

「杜十娘又命李甲打開第三只抽屜，箱內皆是螢光玉潤的珍珠、鑽石，無法估價，杜十娘拿出一串夜明玉珠，孫富早已驚呼：『不要扔了，不要扔了，這是千兩銀子也買不到的呀！』

杜十娘拉過李甲仔細看過：『若將此珠獻給你家母親大人，她可會拉我到身邊，叫我一聲兒媳！』

李甲頓足痛哭，悔恨交加，杜十娘又將珍珠拋入江內。再開抽屜，又是滿滿的一屜貓兒眼、祖母綠等奇珍異寶，李甲抱住十娘雙腿，痛哭流涕：『十娘有此寶物，事情即可挽回！』」

另外，《明史·食貨志》中也有記載：「世宗時，貓兒眼，祖母綠，無所不購。」

明嘉靖期間，胡侍《墅談》中的〈祖母綠〉記載：「祖母綠，即元人所謂助木剌也，出回回地面，其色深綠，其價極貴。」

弘治年間宋詡的《宋氏家規部》稱祖母綠為「鎖目綠」。

明、清兩代帝王尤喜祖母綠。明朝皇帝把它視為同金綠貓眼一樣珍貴，有「禮冠需貓睛、祖母綠」之說。明萬曆帝的玉帶上鑲有一特大祖母綠，明代十三陵的定陵發現的大量寶石中也有不少是祖母綠。

清代王朝的遺物中不乏珍貴的祖母綠寶石，如清代中期製成的「穿珠梅花」盆景中，就裝飾有三顆祖母綠及其他寶石三百多顆。

該盆景全稱為「銀鍍金累絲長方盆穿珠梅花盆景」，清造辦處製造，通高四十二公分，盆高十九點三公分，盆徑二十四公分至十八點五公分。

銀鍍金累絲長方形盆，盆口沿垂嵌米珠如意頭形邊，每個小如意頭中又嵌紅寶石。盆壁累絲地上飾燒藍花葉紋和各式開光，燒藍花葉上又嵌以翡翠、碧璽、紅寶石做的果實、花卉等圖案，開光內則以極細小的米珠、珊瑚珠和祖母綠等寶石珠編串成各式花卉圖案。

盆上以珊瑚、天竹、梅花組成「齊眉祝壽」景緻，銀累絲點翠的山子上滿嵌紅、藍、黃等各色寶石。山子後植藍梅樹、珊瑚樹和天竹，梅樹上以大珍珠、紅寶石、藍寶石穿成梅花，天竹為纏金絲干，點翠葉，頂端結紅珊瑚珠果，纖秀華麗。

此盆景鏤金錯玉，穿珠纍銀，遍鋪寶石，特別是一樹梅花珠光寶氣，共用大珍珠六十四顆，紅藍寶石兩百一十六顆，精雕細作，鬼斧神工，令人目眩。

清代人還能透過識別祖母綠的瑕疵，並據此對真假祖母綠進行鑒定，如《清祕藏》就提出：「祖母綠，一名助木綠，以內有蜻蜓翅光者算。」這蜻蜓翅即為後來所說的祖母綠的包裹體。

　　《博物要覽》中也明確提出祖母綠「中有兔毫紋」者始為真品。如清宮祖母綠寶石，高一點二六公分，長一點九公分，寬一點四公分，重二十六點四八克拉。祖母綠寶石翠綠色，玻璃光澤，採用階式變型切磨技術成型。

　　清朝末期，慈禧太后死後所蓋的金絲錦被上，除鑲有大量珍珠和其他寶石，也有兩顆各重約五錢的祖母綠，可謂是祖母綠中的珍品。

【閱讀連結】

　　祖母綠往往與傳奇乃至迷信的色彩聯繫在一起，所構成的祖母綠文化同樣既豐富又迷人。祖母綠被人類發現開始，便被視為具有特殊的功能，既能驅鬼避邪，還可用來治療許多疾病，如解毒退熱、消除眼睛疲勞等。

　　戀人則認為它具有揭示被愛者忠誠與否的魔力。它是一種具有魔力的寶石，能顯示立下誓約的戀人是否保持真誠。戀人忠誠如一，它就像春天的綠葉。要是情人變心，樹葉也就枯萎凋零。

　　更神奇的是，據說祖母綠可使修行者具有預見能力，持有者在受騙時，祖母綠會改變顏色，發出危險的信號。總之，在祖母綠身上，往往瀰漫著神祕的色彩，令人心動神往。

寶石之祖──綠松石

■商代綠松石牌飾

　　中國早在舊石器時期，人們就開始利用石質裝飾物來美化自己的生活。新石器中晚期，出現了大量的石質工具、玉器和寶玉石工藝品，如用岫玉、綠松石等製成珠、環、墜、鐲等。

　　綠松石簡稱「松石」，因其形似松毬而且色近松綠而得名，而且綠松石顏色有差異，多呈天藍色、淡藍色、綠藍色、綠色。

　　綠松石質地不很均勻，顏色有深有淺，甚至含淺色條紋、斑點以及褐黑色的鐵線。緻密程度也有較大差別，孔隙多者疏鬆，少則緻密堅硬。拋光後具柔和的玻璃光澤至蠟狀光澤。

　　綠松石猶如上釉的瓷器為最優。如有不規則的鐵線，則其品質就較差。白色綠松石的價值較之藍、綠色的要低。在塊體中有鐵質「黑線」的稱為「鐵線綠松石」。

　　如在河南省鄭州大河村距今六千五百年至四千年的仰韶文化遺址中，就有兩枚綠松石魚形飾物。

　　甘肅省臨夏回族自治州廣河縣齊家文化遺址中，發現嵌綠松石獸面玉璜，長三十六點六公分，高六點七公分，厚〇點八公分。玉料呈黛綠色，由和田

墨玉製成，單面琢孔，璜呈彎月形，以減地手法鑲嵌綠松石，留底構成獸面之輪廓。

上鑲兩圓綠松石為目，眼眶為璜之留底。山字形留底為嘴之外形，內鑲不規則方形綠松石。四邊留底為邊框，孔為單面開孔，因長期佩帶孔已磨損為斜孔。此玉璜上鑲嵌之綠松石彼此間可謂嚴絲合縫，密不透風。這樣的工藝真是令人匪夷所思。

產自湖北省鄂西北的綠松石，古稱「荊州石」或「襄陽甸子」，產量大，品質優。如雲蓋山上的綠松石，以山頂的雲蓋寺命名為「雲蓋寺綠松石」，是世界著名的中國松石雕刻藝術品的原石產地。此外，江蘇、雲南等地也發現有綠松石。

河南省偃師二里頭為中國夏代都城所在地，在這裡發現有綠松石龍形器，由兩千餘片綠松石片組合而成，每片綠松石的大小僅有○點二公分至○點九公分，厚度僅○點一公分左右。

另外還有嵌綠松石銅牌飾、青銅錯金嵌綠松石犧尊等，均為夏朝時期的綠松石重要器物。

如夏代嵌綠松石饕餮紋牌飾，通高十六點五公分，寬十一公分，盾牌形。它是先鑄好牌形框架，然後有數百枚方圓或不規則的綠松石黏嵌成突目獸面。

這件牌飾位於死者胸前，很可能是一件佩戴飾品。是發現最早也是最精美的鑲嵌銅器，可以說它的發現開創了鑲嵌銅器的先河。

商代婦好墓中發現嵌有綠松石的象牙杯，杯身用中空的象牙根段製成，因料造型，頗具匠心。侈口薄唇，中腰微束，切地處略小於口。通體分段雕刻精細的饕餮紋及變形夔紋，並嵌以綠松石，做頭上尾下的夔形，加飾獸面和獸頭，也嵌以綠松石，有上下對稱的小圓榫將其與杯身連接。

形制和體積略同的嵌綠松石象牙杯共有兩件。高三十點五公分，用象牙根段製成，杯身一側有與杯身等高的夔龍形把手，雕刻精細的花紋而且具有相當的裝飾性，上下邊口為兩條素地寬邊，中間由綠松石的條帶間隔。

　　戈，是商周兵器中最常見的一種，古稱「鉤兵」，是用於鉤殺的兵器。其長度根據攻守的需要而不同，所謂「攻國之兵令人欲短，守國之兵欲長。」

　　如商代嵌綠松石獸面紋戈，長四十公分，戈的援寬大而刃長，鋒較尖，末端正背兩面皆以綠松石鑲嵌獸面紋；胡垂直，而且短；內呈弧形，上有一圓穿，末端正背兩面皆淺刻獸面紋。

　　陝西省寶雞市南郊益門村有兩座春秋早期古墓，其中一座墓發現了大批金器、玉器、鐵器、銅器，還有一些瑪瑙、綠松石串飾。

　　其中綠松石串飾一組，共四十件，均為自然石塊狀，不見明顯加工痕跡，大小形狀不一，均有鑽孔。顏色比較均勻，嬌豔柔媚，質地細膩、柔和，有斑點以及褐黑色的鐵線，以翠綠、青綠色為主，間有墨綠色斑。最大者長三點八公分，寬二點九公分；最小者長〇點七公分，寬〇點六公分。

　　另外，河南省汲縣山彪鎮發現的戰國早期嵌綠松石雲紋方豆，蓋上為捉手，面做四方形，足扁平，通體飾雲紋，雜嵌綠松石，為魏國墓地。

　　還有發現於長清崗辛戰國墓的一件銅絲鑲綠松石蓋豆，通高二十七點五公分，口徑十八點五公分，為禮器，半球形盤，柄上粗下細，下承扁圓形足。盤上有覆缽形蓋，蓋上有扁平捉手，卻置即為盤足，通體飾紅銅絲與綠松石鑲嵌而成的幾何勾連雷紋。

　　帶鉤，是古代貴族和文人武士所繫腰帶的掛鉤，帶扣是和帶鉤相合使用的，多用青銅鑄造，也有用黃金、玉等製成的，工藝技術相當考究。

　　有的除雕鏤花紋外，還鑲嵌綠松石，有的在銅或銀上鎏金，有的在銅、鐵上錯金嵌銀，即金銀工藝。帶鉤起源於西周，戰國至秦漢廣為流行。魏晉南北朝時逐漸消失。

　　如湖南省長沙發現的戰國金嵌綠松石銅帶鉤，長十七點五公分，寬〇點二公分。為腰帶配件。鉤身扁長，鉤頸窄瘦，鴨形首，背部飾雲紋金，鑲嵌綠松石。

　　秦漢時的墓中，開始發現有各種鎮墓獸隨葬，而且其中有些就鑲嵌著綠松石。這種怪獸是青銅雕塑的神話中動物形象，為龍首、虎頸、虎身、虎尾、龜足，造型生動。

　　如鑲綠松石怪獸，高四十八公分，身上鑲嵌有綠松石，並有浮雕鳳鳥紋、龍紋、渦紋等圖案。怪獸頭上長有多枝利角，口吐長舌，面目可怖。在主體怪獸脊背上有一方座，座上支撐又一小型怪獸，小型怪獸口銜一龍，龍昂首，做掙扎狀。

　　唐代是中國銅鏡發展最為繁盛的時期，經常用綠松石加以點綴，使銅鏡更顯精美。

　　如唐代鑲綠松石螺鈿折枝花銅鏡，直徑二十點五公分，圓形，素緣，圓鈕，鈕外用螺鈿飾有一圈聯珠紋，整體圖案用螺鈿雕刻成折枝花樣鑲嵌於鏡背之上，中間鑲嵌有綠松石。鏡面大，圖案飽滿，工藝精湛，為難得一見的唐代螺鈿紋銅鏡。

　　至明代，綠松石被廣泛應用於各種首飾用品之上，如南京太平門外板倉徐輔夫人墓發現的正德十二年嵌綠松石花形金簪，長十一點五公分，簪首直徑三點八公分，金質，簪針呈圓形。簪頂做花形，用近似繞出六個花瓣，中間有一圓形金托，金托周圍以金絲做出花蕊，托內嵌一綠松石。

　　清代時期，中國稱綠松石為天國寶石，視為吉祥幸福的聖物，經常鑲嵌於各種日常器物上。

　　如清中期銅鎏金嵌綠松石纏枝西番蓮紋香薰，高十七公分，香薰通體以貼金絲為地，嵌綠松石、珊瑚組成圖案。

　　自口沿至脛部分別以為纏枝花卉紋、蓮瓣紋、纏枝西番蓮紋、如意紋等裝飾，兩獸耳鎏金。蓋部透雕纏枝花卉紋，蓋紐鏤雕雲蝠圖案。全器紋飾華麗，顏色絢麗奪目，工藝精湛，為清代宮廷用器。

　　清代鼻煙開始流行，各種鼻煙壺也應運而生，其中就多有用珍貴的綠松石製成。

如清代綠松石山石花卉鼻煙壺，通高六公分，腹寬四點八公分。煙壺為綠松石質地，通體為藍綠色，間有鐵線斑紋。扁圓形，扁腹兩面琢陰線山石花卉，並在陰線內填金。煙壺配有淺粉色芙蓉石蓋，內附牙匙。

嘎烏是清代的宗教用具，「嘎烏」為藏語音譯，多指掛在項上的或背挎式的佛盒飾物。嘎烏內大多裝有佛像、護法神像或護身符。實為隨身攜帶的佛龕。嘎烏的材料有金質、銀質、銅質等金屬嘎烏，也有木質。

如乾隆金嵌綠松石嘎烏，又稱「佛窩」，通高十三點五公分，厚度三點二公分。是一件用純金鑲嵌綠松石、青金石的嘎烏，內裝有一尊密宗佛像，龕盒上用鏨刻工藝飾有精美的花紋等。

古人把綠松石與宗教聯繫在一起，西藏對綠松石特別崇敬，蒙藏地區喜歡把綠松石鑲嵌在配刀、帽子、衣服上，是神聖的裝飾用品，用於宗教儀式。

優質綠松石主要用於製作弧面形戒面、胸飾、耳飾等。品質一般者，則用於製作各種款式的項鏈、手鏈、服飾等。

粒度大者用於雕刻工藝品，多表現善與美的內容，如佛像、仙人、仙鶴、仙女、山水亭榭、花鳥蟲魚、人物走獸等。

自古以來，綠松石就在西藏占有重要的地位。它被用於第一個藏王的王冠，用作神壇供品以及藏王向居於高位的僧人贈送的禮品及向鄰國貢獻的貢品，古代拉薩貴族所戴的珠寶中，金和綠松石是主要的材料。

許多藏人頸脖上都戴有被視為是靈魂的綠松石項鏈，一個古老的傳說記敘了綠松石和靈魂之間的關係：根據天意，藏王的臣民不許將任何一塊綠松石丟進河裡，因為那樣做靈魂也許會離開他的軀體使之身亡。

綠松石也常被填嵌在金、銀、銅器上，其顏色相互輝映，美麗且富有民族特色。藏族和蒙古族同胞尤其喜愛鑲嵌綠松石的寶刀、佩飾等。

另外，許多藏人都將綠松石用於日常髮飾。遊牧婦女將她們的頭髮梳成一百〇八辮，辮上飾以綠松石和珊瑚。對藏南的已婚婦女來說，秀髮上的綠松石珠串必不可少，它表達了對丈夫長壽的祝願，而頭髮上不戴任何綠松石

被認為是對丈夫的不敬。一方面藍色被視為吉利，並把許多特別的權力歸因於這一藍色或帶藍色的寶石。而且，綠松石碎屑除可以做顏料，藏醫還將綠松石用作藥品、護身符等聖品。

大多數藏族婦女還將綠松石串珠與其他貴重物品如珊瑚、琥珀、珍珠等一起製成的項鏈。

有的婦女以戴上一顆邊上配兩顆珊瑚珠的長七公分的綠松石塊為榮。戴上這一件珠寶，對外出經商的丈夫來說，意味著身家安全。

男性的飾物則比較簡化，通常用幾顆綠松石珠子與珊瑚串在一起圍在脖子上，或在耳垂上用線繫上一顆綠松石珠。

在喜馬拉雅地區西部，綠松石和其他一些貴重物件被直接縫在女人的衣裙或兒童的帽上。有時整個外衣的前襟都裝飾上金屬片、貝殼、各種材料的珠子、釦子和綠松石，據說孩子帽上的綠松石飾物還有保護孩子靈魂的作用。

同時，一些西藏人相信戴一只鑲綠松石的戒指可保佑旅途平安；夢見綠松石意味著吉祥和新生活的開始；戴在身上的綠松石變成綠色是肝病的徵兆，也有人說這顯示了綠松石吸出黃疸病毒。

護身符容器在當時的西藏成為一種重要的珠寶玉器，每一個藏民都有一個或幾個這種容器來裝宗教的書面文契，從居於高位的僧人衣服上裁下的布片，或袖珍宗教像等保護性物件。這種容器可以是平紋布袋，但更多的是雕刻精巧的金銀盒，而且很少不帶綠松石裝飾。有時居中放一塊大小適當的綠松石，有時將許多無瑕綠松石與鑽石、金紅石和祖母綠獨到地排列在黃金祖傳物件上。

特別值得一提的是，在拉薩地區和西藏中部，流行一種特殊類型的護身器：在菩薩像及供奉此像之地的曼荼羅形盒，上有金銀的兩個交叉方形，通常在整個盒上都鑲飾有綠松石。

西藏的任何一件珠寶玉器都可能含有綠松石，金、銀或青銅和白銅戒指上鑲綠松石很常見。有一種很特別的戒指呈典型的鞍形，通常很大，藏族男人將它戴在手上或頭髮上，女人則喜歡小戒指。

　　不管是哪個西藏群體，女人還是男人，都喜愛耳垂。女人的耳垂成對穿戴，而男人只在左耳戴一隻耳垂。拉薩的貴族戴的耳垂令人望而生畏，一種用金、綠松石和珍珠製成的大型耳垂一直從耳邊拖到胸部。

　　西藏中部的婦女在隆重場合戴的一種花形耳飾，整個表面都布有綠松石。稱之為「耳盾」也許更合適，因這些耳飾被小心地安置在耳前，並結在頭髮上或髮網上。

　　其他還有許多飾物都裝飾有綠松石，如帶垂和鏈子、奶桶鉤、圍裙鉤、胸飾、背飾、髮飾和金屬花環等。

【閱讀連結】

　　在中國各民族中，綠松石用得最多的，要數藏族人民。基本上每個藏民都擁有某種形式的綠松石，西藏高原的人們認識綠松石已久。

　　西藏文化特徵很明顯，從諸多方面顯現了其輝煌的成就，至今仍燃燒著不滅的火焰。綠松石，作為這一文化特徵的一部分，對西藏人來說是一種希望。

色彩之王——碧璽

■碧璽

　　碧璽擁有自然界單晶寶石中最豐富的色彩，可稱為「色彩之王」，自古以來深受人們喜愛，被譽為「十月生辰石」。

　　碧璽在中國備受推崇，碧璽在古籍《石雅》中出現時有許多稱謂，文中稱：

　　「碧亞麼之名，中國載籍，未詳所自出。清《會典圖》云：妃嬪頂用碧亞麼。《滇海虞衡志》稱：碧霞碧一日碧霞玼，一日碧洗；玉紀又做碧霞希。今世人但稱碧亞，或作璧碧，然已無問其名之所由來者，唯為異域方言，則無疑耳。」

　　而在之後的歷代記載中，也可找到稱為「砒硒」、「碧璽」、「碧霞希」、「碎邪金」等之稱呼。

　　相傳，誰如果能夠找到彩虹的落腳點，就能夠找到永恆的幸福和財富，彩虹雖然常有，卻總也找不到它的起始點。

公元一五○○年發現了一種寶石，閃耀著七彩霓光，像是彩虹從天上射向地心，沐浴在彩虹下的平凡石子囊括了世間所有色彩，被洗滌得晶瑩剔透。

不是所有的石子都有如此幸運，這藏在彩虹落腳處的寶石，被後人稱為「璧璽」，也被譽為「落入人間的彩虹」。

公元一七○三年的一天，海邊幾個小孩玩著航海者從遠方帶回的碧璽，驚訝地發現這些石頭除在陽光底下能放射出奇異色彩，還有一種能吸引或排斥輕物體，如灰塵或草屑的力量，因此將碧璽叫做「吸灰石」。

碧璽的碧是代表綠色，「璽」是帝王的象徵，可見碧璽作為寶石的稱謂可能源於皇家。

碧璽諧音「避邪」，寓意吉利，在中國清代皇宮中，存有較多的碧璽飾物。

碧璽的顏色有數種，其中最享盛名的是雙桃紅，紅得極為濃豔；其次是單桃紅，稍次於雙桃紅。桃紅色是各種璽中身價最高者；其他還有深紅色、紫紅色、淺紅色、粉紅色等。

紅色碧璽是粉紅至紅色碧璽的總稱。紅色是碧璽中價值最高的，其中以紫紅色和玫瑰紅色最佳，有紅碧璽之稱，在中國有「孩兒面」的叫法。但自然界以棕褐、褐紅、深紅色等產出的較多，色調變化較大。

綠色碧璽，黃綠至深綠以及藍綠、棕色碧璽的總稱，顯得很富貴、精神。其通靈無瑕、較為鮮豔者，甚至可與祖母綠相混淆。

藍色碧璽為淺藍色至深藍色碧璽的總稱。

多色碧璽，常在一個晶體上出現紅色、綠色的兩色色帶或三色色帶；色帶也可依Ｚ軸為中心由裡向外形成色環，內紅外綠者稱為「西瓜碧璽」。

另外從外觀上看，還有碧璽貓眼，石中含有大量平行排列的纖維狀、管狀包體時，磨製成弧面形寶石時可顯示貓眼效應，被稱為「碧璽貓眼」。

變色碧璽為會明顯變色的碧璽，但很罕見。

　　在清代，碧璽是一品和二品官員的頂戴花翎的材料之一，也用來製作他們佩戴的朝珠。

　　碧璽也是清朝慈禧太后的最愛，如有一枚碩大的桃紅色碧璽帶扣，為清代碧璽中極品，帶扣為銀累絲托上嵌粉紅色碧璽製成，此碧璽透明而且體積碩大，局部有棉綹紋。

　　銀托累絲雙錢紋環環相套，背後銀托上刻有小珠文「萬壽無疆」、「壽命永昌」，旁有「鴻興」、「足紋」戳記，中間為細累絲繩紋雙「壽」與雙「福」，此碧璽長五點五公分，最寬五點二公分，碧璽中當屬透明且桃紅為珍品，在清朝時期更顯珍貴。

　　據記載，慈禧太后的殉葬品中，有一朵用碧璽雕琢而成的蓮花，重量為三十六點八兩，約五千〇九十二克以及西瓜碧璽做成的枕頭。

　　由於碧璽性較脆，在雕琢打磨過程中容易產生裂隙，因此，自古以來能雕琢成型的大顆碧璽收藏品非常難得。

【閱讀連結】

　　據說碧璽素有旺夫石之稱，婦女佩戴碧璽可增強其與家人的和諧關係，理智處理家庭事務，與古人相夫教子的理想女性形象相呼應，尤其是藏銀蓮花心經碧璽，其旺夫效果更佳。

　　由於碧璽的顏色多種鮮豔，可以使人有開心喜悅及崇尚自由的感覺，開拓人們的心胸及視野。

石中皇后——雨花石

雨花石也稱「文石」、「幸運石」，主要產於江蘇省南京及江蘇省儀征月塘一帶。以其色彩斑斕、玉質天章、小巧玲瓏、紋理奇妙、包羅萬象、詩情畫意著稱於世，被譽為「天賜國寶」。

三百萬年前，喜馬拉雅山脈劇烈隆起，長江流域的西部進一步抬升，唐古拉山鄉各拉丹冬雪嶺的冰川因日照、風化、水流融化，形成冰融水，從涓涓細流，千澗百溪，最終匯成洶湧波濤，沖出青藏高原，切開巫山絕壁，使東西古長江相互貫通。

從此長江猶如一條銀龍，咆哮翻滾，拍打著懸崖峭壁，衝擊著崎嶇亂石，歷經六千三百公里，一路向東海奔來。而在這過程中，魚龍混雜，泥沙俱下，至下游平坦地帶南京段，便逐漸淤積下來，形成雨花台礫石層。

如南京的夏代遺址中，就發現七十六枚天然花石子，即雨花石，分別被隨葬在許多墓葬中，每個墓中放兩三枚雨花石子不等，有的雨花石子放在死者口中。

據說夏代造璇宮，其所用石子是雨花瑪瑙，雨花石用之於美化環境，這是第一次。這是已知關於雨花石文化的最早實證，證明在新石器晚期的夏商時代，雨花石已經被當作珠寶而珍藏。

繼夏代之後，雨花石在春秋時代已作為貢品進入宮廷。中國著名的思想家、教育家、儒家學說的創始人孔子所著的《尚書·禹貢》記載：「揚州貢瑤琨。」據描述瑤琨似玉而非玉，晶瑩剔透，可能即為後世所稱的「雨花石」，是最早關於雨花石的描述。

秦國一統天下，南京地區屬楚地，所產雨花石自然在秦國搜求之列，燕趙之收藏、韓魏之經營、齊楚之精英，「鼎鐺玉石、金塊珠礫」，其中玉石、珠礫，必有由楚地而來者，雨花石自然為其一例。

自南北朝以來，文人雅士寄情山水，笑傲煙霞，至唐宋時期達到巔峰，神奇的雨花石更是成為石中珍品，有「石中皇后」之稱，深受人們的喜愛和珍藏，其文化歷史可謂源遠流長。

關於雨花石的來歷，在南北朝時有一個美麗的傳說：

相傳在南朝梁代，有位法號叫雲光的和尚，他每到一處開講佛法時，聽眾寥寥無幾，而情況也沒有好轉的跡象，雲光開始有點洩氣了。

有一天傍晚，講解完佛經的雲光正坐在路邊嘆息時，遇到了一個討飯的老婆婆。

老婆婆吃完雲光法師給她的乾糧後，從破布袋裡拿出一雙麻鞋來送給雲光，叫他穿著去四處傳法。並告訴他鞋在哪裡爛掉，他就可以在那裡安頓下來長期開壇講經，老太太說完話就突然不見了。

雲光不知走了多少地方，腳上的麻鞋總穿不爛。直至他來到了南京城的石崗子，麻鞋就突然爛了。從此他就聽信老婆婆之言在石崗上廣結善緣，開講佛經。一開始聽的人還不多，講了一段時間後，信眾就越來越多了。

有一天，他宣講佛經時很投入，一時感動了天神，天空中飄飄揚揚下起了五顏六色的雨。奇怪的是這些雨滴一落到地上，就變成了一枚枚晶瑩圓潤的小石子，石子上還有五彩斑斕的花紋。

由於這些小石子是天上落下的雨滴所化，人們就稱之為「雨花石」。而從此雲光講經的石崗子也就被稱為「雨花台」。

當時雨花石中的名品如「龍銜寶蓋承朝日」，該石粉紅色，如丹霞映海，妙在石上有二龍飛騰，龍為綠色，而且上覆紅雲，頂端呈白色若玉山，紅雲之中尚有金陽噴薄欲出狀。

再如「平章宅裡一闌花」，該石五彩斑斕，石上有太湖石一峰、洞穴玲瓏，穴中映出花葉，上綴紅牡丹數朵，花葉神形兼備。

而雨花名石「黃石公」則呈橢圓形，黃白相間，石之一端生出一個「公」字，筆畫如書，似北魏造像始平公的「公」字，方筆倒行。

此後歷代，都把雨花石當作觀賞寶石或鑲嵌於各種器物，增加其美感。

唐人蘇鶚《杜陽雜編》中，記載有南齊潘淑妃「九玉釵」，上刻九鸞皆九色，石上天然鐫有「玉兒」兩字，玉兒為潘妃小名，工巧妙麗，天然生成。

唐懿宗女兒同昌公主出嫁的陪嫁品，從南齊至晚唐數百年時間輾轉收藏，可知收藏雨花石在南北朝時即有，並一直影響至唐代。

愛雨花石成癖，陳朝也不示弱，曾將頑石封為三品；唐人愛石之風向士大夫階層擴散，唐代李白、杜甫、王維等人詩文，均有詠石之作；南宋出現了杜綰所著中國第一部石譜《雲林石譜》，其中記載：

「江寧府江水中有碎石，謂之螺子，凡有五色。大抵全如六合縣靈岩及他處所產瑪瑙無異，紋理瑩繞石面，望之透明，溫潤可喜。」

這是最早記述雨花石的石譜。

南宋末年，大收藏家周密也記載了他喜愛雨花石的經過，對於雨花石珍品水膽雨花空青石作了最早的描述：「經三寸許，撼之其中，有聲汩汩然，蓋中虛有在內故也。」由此可見，南宋時，雨花石已經成為人們眼中的奇珍。

明太祖朱元璋六十歲壽辰時，寵孫朱允炆在盤子中用雨花石拼成「萬壽無疆」四個大字，連同一個酷似壽桃的雨花石，作為祝壽之禮和盤托出，皇親國戚、文武百官無不稱奇，龍顏大悅。

朱允炆稱帝後，對雨花石仍情有獨鍾，內宮案頭，時有雨花石供品。

明代書法家米萬鍾，字友石，又字仲詔，自號石隱庵居士。米萬鍾為宋代大書法家米芾後裔，一生好石，尤擅書畫，晚明時與董其昌有「南董北米」之稱。

米萬鍾於公元一五九五年考中進士，次年任六合知縣。米萬鍾對五彩繽紛的雨花石嘆為奇觀，於是懸高價索取精妙。當地百姓投其所好爭相獻石，一時間多有奇石匯於米萬鍾之手。

米萬鍾所收藏的雨花石貯滿了大大小小各種容器。常於「衙齋孤賞，自品題，終日不倦。」其中絕佳寶石有「廬山瀑布」、「藻荇縱橫」、「萬斛

珠璣」、「三山半落青天外」、「門對寒流雪滿山」等美名。並請吳文仲畫作《靈岩石圖》，胥子勉寫序成文《靈山石子圖說》。

米萬鍾對雨花石的鑒賞與宣傳，貢獻良多。米萬鍾愛石，有「石痴」之稱，他一生走過許多地方，以收藏精緻小巧奇石著稱。

其後，林有麟對雨花石的研究也很有成就，所著《素圓石譜》精選三十五枚悉心繪製成圖，一一題以佳名。林有麟在素園建有「玄池館」專供藏石，將江南三吳各種地貌的奇石都收集置於館中，時常賞玩。

朋友何士抑送給林有麟雨花石若干枚，他將其置於「青蓮舫」中，反覆賞玩，還逐一繪畫圖形、品銘題詠，附在《素園石譜》之末，以「青蓮綺石」命名之。

雨花石名真正脫穎而出，在明末清初。徐榮以〈雨花石〉為題寫了一首七律詩；而張岱在〈雨花石銘〉一文中稱：「大父收藏雨花石，自余祖、余叔及余，積三代而得十三枚……」

再後，姜二酉也是熱心收藏雨花石的大家。姜二酉本名姜紹書，明末清初藏書家、學者，字二酉，號晏如居士。

明代與西洋人往來頻繁，姜二酉所藏雨花石也有起名如「西方美人」。此石長一點五吋，寬〇點八吋，色草黃橢圓形而扁。上有西洋美女首形，頭戴帽一頂，兩肩如削，下束修裙，細腰美頰，豐胸凹腹，體態輕盈，人形全為黑色。

再如雨花石精品「暗香疏影」，石為圓形，質地嫩黃，溫潤淡雅，上有綠色枝條斜生石面，枝上粉紅花紋繞之，鮮潤豔麗，如同一樹梅花，頗具詩意。

還有神祕色彩的雨花「太極圖」，該石為球狀，黑白分明，界為曲形，成為一幅極規範的太極圖。

姜紹書之祖養訥公，是孫石雲之甥，曾與石雲到古舊物市場，見一圓石瑩潤精彩，搖一下聽聲好似空心，石雲以為是璞玉，買回後請人剖開。一看裡面是一天成太極圖，黑白分明，陰陽互位，邊緣還環繞著如霞般的紅線。

而取名「雲翔白鶴」的雨花石，則石質淡灰如雲，雲端中躍然一隻白鶴，其翱翔神態栩栩如生。

另外，極具生活情趣的「松鼠葡萄」，石做腰子形，色醬黃，中有黑色松鼠一隻，翹著尾巴，正在吃一串葡萄。

「梅蘭竹菊」為四枚雨花石，梅石疏影橫斜；蘭石幽芳吐馥；竹石抱虛傳翠；菊石傲霜迎風。四石各具其妙。

不可再得的「貓鳥雙棲」石，上部有二鳥棲於枝頭，下有雙貓相對而伏，神采奕奕。

神奇孤品「老龜雛鵝」，此石黑質白章，一面為伸頸老龜之大象，一面是一隻天真的小鵝雛。

清代《西遊記》的小說與京劇開始流傳，所以有的雨花石就命名為「悟空龐」，色如豇豆，上有一元寶形曲線且凸出石表現，在曲線正中偏上處恰又生出兩個平列的小白圈，圈內仍是豇豆紅色，極似京劇舞台上的孫悟空臉譜。

清乾隆帝在位六十一年，曾六次南巡，南京乃必到之地。以雨花台為題的詩便有五首，如〈雨花台口號〉、〈戲題雨花台〉等，在莫愁湖畔的景觀石上也刻有乾隆「頑石莫嗤形貌醜，媧皇曾用補天功」的詩句。

乾隆皇帝十分珍愛四枚雨花石，其中一枚龍首畢現，出神入化，令人稱奇，名為「真龍天子」。

【閱讀連結】

清末雨花石收藏大家河北雍陽人王猩囚，世稱猩翁，主要在天津生活、工作。

「數十年荒淫於雨花」並寫就〈雨花石子記〉，科學地提出雨花石因長江形成的觀點，並就雨花石的質、形、色、紋、定名、玩賞、品級、交易等進行全面論述，讀來令人耳目一新，受益匪淺。

猩囚先生乃北地人，卻愛上南方的雨花石，也可以說是一種緣分。但彼此天各一方，能堅持數十年不改初衷，即使在日軍屠殺南京三十萬人後的公元一九三九年，仍不忘託人一次次在南京為其採石、購石、郵石，尤令人感慨不已！

▌仙女化身——翡翠

■清代翡翠螭紋杯

　　翡翠顏色美麗典雅，深深符合中國傳統文化的精華，是古典靈韻的象徵，巧妙別緻之間給人的是一種難忘的美，是一種來自文化深處的柔和氣息，是一種歷史的沉澱、美麗的沉積。

　　古代相傳，翡翠是仙女精靈的化身，被人稱為「翡翠娘娘」。據說翡翠仙女下凡後，生在雲南大理的一個中醫世家，天生麗質，樂施於人。

　　一個偶然的機會，緬甸王子被她那美麗的容貌迷住了，於是用重金聘娶翡翠仙女。自從翡翠仙女嫁給了緬甸王子成為「翡翠娘娘」後，她為緬甸的窮苦人民做了許許多多的好事，為他們驅魔治病接觸痛苦，還經常教窮人唱歌、跳舞。

　　然而，「翡翠娘娘」的所作所為卻違反了當時緬甸的皇家禮教。國王非常震怒，將「翡翠娘娘」貶到緬甸北部密支那山區。

　　「翡翠娘娘」的足跡幾乎踏遍了那裡的高山大川，走到哪裡就為哪裡的窮人問醫治病。後來「翡翠娘娘」病逝在密支那，她的靈魂化作了美麗的玉石之王「翡翠」。於是，在緬甸北部山區，凡是「翡翠娘娘」生前到過的高山大川都留下了美麗的翡翠寶石。

　　翡翠之美在於晶瑩剔透中帶有靈秀，在於滿目翠綠中的生機，在於水波浩渺中的潤澤，在於潔淨無瑕中的純美，在於含蓄內斂中的氣質，在於品德

操行中的風骨，在於含英咀華中的精髓，美自天然，脫胎精工，靈韻具在，萬世和諧。

翡翠寶石通常被用來製作女子的手鐲。手鐲的雛形始於新石器時代，第一功效是武器，然後才有裝飾作用。東周戰國時期的手鐲於後世手鐲區別不大，稱為「環」或「瑗」，漢代為「條脫」或「跳脫」，至明代初年仍有人使用這個名字，「手鐲」一詞是明代才出現。

在中國古代，玉乃是國之重器，祭天的玉璧、祀地的玉琮、禮天地四方的圭、璋、琥、璜都有嚴格的規定。

玉璽則是國家和王權之象徵，從秦朝開始，皇帝採用以玉為璽的制度，一直沿襲至清朝。

漢代佩玉中有驅邪三寶，即玉翁仲、玉剛卯、玉司南珮，傳世品多有出現。

漢代翡翠中「宜子孫」銘文玉璧、圓雕玉辟邪等作品，都是祥瑞翡翠。唐宋時期翡翠某些初露端倪的吉祥圖案，尤其是玉雕童子和花鳥圖案廣泛出現，為以後吉祥類玉雕的盛行鋪墊了基礎。

遼、金、元時期各地出土的各種龜蓮題材的玉雕製品，就是雕龜於蓮葉之上；在明代，尤其是後期，在翡翠雕琢上，往往採用一種「圖必有意，意必吉祥」的圖案紋飾。

清代翡翠吉祥圖案有仙人、佛像、動物、植物，有的還點綴著祿、壽福、吉祥、雙喜等文字。

清代翡翠中吉祥類圖案的大量出現、流行，實際上側面體現了當時社會人們希望借助於翡翠祝福他人、保佑自身、嚮往幸福生活的心態，生產了許多的翡翠珍品。

如綠翡翠珠鏈，粒徑〇點一一公分至〇點一五公分，長四十九點五公分，翠色純正，珠粒圓潤飽滿，十分珍貴。尤其少見的黃翡翠項鏈，粒徑〇點

七六公分至一點一八公分，鏈長七十三點五公分，蛋黃色純正，珠粒圓潤飽滿。

還有翡翠雙股珠鏈，共用翡翠珠一百〇八枚，枚徑〇點七六公分至〇點九四公分，一股長四十五點七公分，一股長五十點八公分，顏色鮮豔，翠質均勻細膩，顆粒圓潤飽滿，十分珍貴。

稍大型的器件如清翡翠觀音立像，高十七公分，整體翠色濃豔，翠質細膩溫潤，雕工精美，觀音菩薩面部生動自然，衣褶飄逸，栩栩如生，安然慈祥，殊為珍貴。

還有翡翠送子觀音像。「送子觀音」俗稱「送子娘娘」，是抱著一個男孩的婦女形象。

「送子觀音」很受中國婦女喜愛，人們認為，婦女只要摸摸這尊塑像，或是口中誦唸和心中默念觀音，即可得子。

據說晉朝有個叫孫道德的益州人，年過五十歲，還沒有兒女。他家距佛寺很近，景平年間，一位和他熟悉的和尚對他說：你如果真想要個兒子，一定要誠心唸誦《觀世音經》。

孫道德接受了和尚的建議，每天唸經燒香，供奉觀音。過了一段日子，他夢見觀音，菩薩告訴他：「你不久就會有一個胖兒子了。」

果然不久夫人就生了個圓潤的男孩。

清翡翠雕佛坐像，高三十二公分。顏色溫潤通透，翠質均勻細膩，通體碩大完美，坐佛兩耳垂肩，雙手合十盤腿而坐，整體莊嚴肅穆，十分珍貴。

比較高大的是一尊清翡翠關公雕像，高約一點二二公尺，重約一百一十公斤，帶底座，右手持雕龍大刀。人物頭戴頭盔，左手托長鬚，身披戰袍鎧甲，腳蹬長靴，眼睛微閉下視，神情威嚴。

這件雕像的材質在燈光下以裸眼觀察，可看出質地細膩、結構顆粒緊密、顏色柔和、石紋明顯，輕微撞擊，聲音清脆悅耳，明顯區別於其他石質，通

身白中泛青，接近糯米種，腿部還漂有淡淡的紫羅蘭花，可以說是頂級的翡翠。

浮雕通體散落的雲朵、頭盔、鎧甲雕刻得細緻入微，戰袍的褶皺也十分自然合理。鬍鬚絲絲入微，肉眼看十分清晰均勻。

關公的左臂肩膀處還有精細的獸面浮雕，右臂所持長刀刀身雕有龍和日，栩栩如生，都是古代優秀工匠才能完成的珍品。關公神情威嚴，雙眼下視，似睜似閉，相當傳神，屬於清代關公的造型。

另外，翡翠還大量應用於帶扣等實用、裝飾兩用的物品中。

如清乾隆雕螭龍帶扣，長五點一公分，此件翡翠質地細膩，雕工精細，造型高古。翡翠雕帶扣較為少見，如此質地的翡翠帶扣在清代也當屬稀有之物。

金黃色的老翡翠相當罕見，清代中期老翡翠金黃色螭龍帶扣，長五點七公分，寬三點三公分，最厚一點九公分。雕工一流，螭龍盤轉有力，栩栩如生。通體寶光四溢，非常漂亮，整體打磨仔細，已看不到砣痕。

其他還有江蘇省常州茶山發現的清代翡翠玉翎管，長六點五公分，直徑一點四公分，孔徑〇點八公分，翠綠、灰白相間，有光澤。圓柱形，中空，上端有寬柄，柄上鑽一透孔。

按大清律例，文官至一品鎮國公、輔國公得用翠玉翎管；武官至一品鎮國將軍、輔國將軍得用白玉翎管。故在清代，佩帶翡翠翎管和白玉翎管常為一品文武高官的象徵。

清朝的官帽，在頂珠下有翎管，用以安插翎枝。清翎枝分藍翎和花翎兩種，藍翎為鶡羽所做，花翎為孔雀羽所做。花翎在清朝是一種辨等威、昭品秩的標誌，非一般官員所能佩戴。

其作用是昭明等級、賞賜軍功，清代各帝都三令五申，既不能簪越本分妄戴，又不能隨意不戴，如有違反則嚴行參處。一般降職或革職留任的官員，仍可按其本任品級穿朝服，而被罰拔去花翎，則是非同一般的嚴重處罰。花

翎又分一眼、二眼、三眼，三眼最尊貴；所謂「眼」指的是孔雀翎上眼狀的圓，一個圓圈就算作一眼。

在清朝初期，皇室成員中爵位低於親王、郡王、貝勒的貝子和固倫額駙，有資格享戴三眼花翎。清朝宗室和藩部中被封為鎮國公或輔國公的親貴、和碩額駙，有資格享戴二眼花翎。五品以上的內大臣、前鋒營和護軍營的各統領、參領，有資格享戴單眼花翎，而外任文臣無賜花翎者。

由此可知，花翎是清朝居高位的王公貴族特有的冠飾，而即使在宗藩內部，花翎也不得逾分濫用。有資格享戴花翎的親貴們要在十歲時，經過必要的騎、射兩項考試，合格後才能佩戴。

如清代神童翠玉翎管，翎管長三點八公分，是普通翎管的一半。翠玉翎管基本為整體滿深綠翠，有小點的白地，質地堅硬，雕琢精細，光滑，具玻璃質感。但有一面有較重的腐蝕，手感不平。

神童翎管與名聲顯赫文武高官頂戴的翎管比較，數量極其稀少。

清代翡翠獅紐印章，上面有一尊獅子紐，帶提油。下面的翠印還帶點紅翡，寓意好，印章高二點六公分，寬度一點七公分，厚度○點九公分。

翡翠不僅用於當時的器物，還應用於仿古代青銅器型中。

如清翡翠雙耳蓋鼎，高十三點八公分，顏色濃豔，翠質細膩，工藝精細，整體厚重敦實，尤為珍貴。

類似的還有翡翠瓜果方壺擺件，高二十五點五公分，顏色濃淡相宜，翠色潤透，雕刻精細，整體生意盎然，較為難得。

瓜果還可以單獨成為有吉祥寓意的擺件，如清翡翠雕瓜果福祿壽擺件，高十三公分，翡翠大料為材，局部呈紅翡，大面積現綠色。鏤空圓雕，中有黃瓜、蘿蔔、壽桃等瓜果。邊有飾銅錢一串。

瓜藤蔓蔓，枝葉茂盛，還有小花朵朵點綴。黃瓜別名胡瓜，有福祿寓意，壽桃寓意長壽，銅錢串是財的象徵，三者合一，福祿壽三全。是為吉祥如意之物。原配紫檀松石座，鏤雕精緻。

　　而富有寓意的如「五子登科」翡翠擺件，五子登科也稱「五子連科」，《三字經》中記載：

　　「竇燕山，有義方，教五子，名俱揚。養不教，父之過，教不嚴，師之惰。子不學，非所宜。幼不學，老何為？玉不琢，不成器。人不學，不知義。」

　　後來逐漸演化為五子登科翡翠擺件的吉祥圖案，寄託了一般人家期望子弟都能像竇家五子那樣聯袂獲取功名。

　　五代時的薊州漁陽人竇禹鈞年過而立尚無子，一日夢見祖父對他講，必須修德而從天命。自此，竇禹鈞節儉生活，用積蓄在家鄉興辦義學，大行善事。

　　以後，他接連喜得五個兒子，竇儀、竇儼、竇侃、竇偁、竇僖。竇父秉承家學，教子有方，兒子們也勤勉飽讀，相繼在科舉中取得佳績，為官朝中，是為「五子登科」，在漁陽古城傳為佳話。

　　慈禧太后珍愛玉器，與歷代帝王相比空前絕後，並特別喜歡翡翠，將它看得比什麼珍寶都貴重，她用過的玉飾、把玩的玉器足以裝滿三千個檀香木箱。

　　慈禧太后喜愛翡翠為當時滿朝官員所知曉，故紛紛進貢珍寶博取她的賞識。慈禧對翡翠的偏愛超過對高品質鑽石的喜愛，有兩件事可以說明：

　　第一件事，曾有個外國使者向她獻上一枚大鑽石。她慢條斯理地瞟了一眼，揮揮手道：「邊兒去。」

　　她不稀罕光彩奪目的鑽石，反而看上另一個人向她進獻的小翡翠，「好東西，大大有賞！」給了價值不菲的賞賜。

　　第二件事，恭親王奕訢退出軍機處之前，叔嫂因國事爭論產生不快。後來奕訢得一枚祖母綠色翡翠扳指，整天戴在手上，摩挲把玩。沒幾天，慈禧召見恭親王，看見他手上戴著一汪水般的翡翠扳指，便讓摘下來瞧瞧。誰知慈禧拿過來一面摩挲一面誇好，愛不釋手，一邊問話，順手就擱在書案上了。

　　恭王一看扳指既然歸還無望，只好故作大方，貢奉給她了。

　　慈禧太后的頭飾，全由翡翠及珍珠鑲嵌而成，製作精巧，每一枚翡翠或珍珠都能單獨活動；手腕上戴翡翠鐲；手指上戴十公分長的翡翠扳指，尤其她還有一枚戒指，是琢玉高手依照翠料的色彩形態，雕琢成精緻逼真的黃瓜形戒飾。

　　甚至，慈禧的膳具是玉碗、玉筷、玉勺、玉盤。慈禧太后擁有十三套金鐘、十三套玉鐘，作為皇宮樂隊的主要樂器。玉鐘懸掛於二點六七公尺高，一公尺寬雕刻精巧的鐘架上。

　　公元一八七三年，慈禧太后開始給自己選「萬年吉地」，興建陵墓。陵址選好後，她就將手腕上的翡翠手串兒，扔進地宮當「鎮陵之寶」。

　　慈禧太后死後仍與翡翠珠寶為伴，在李蓮英的《愛月軒筆記》裡，散亂記述了慈禧入殮時的所見所聞：

　　「『老佛爺』身穿金絲福字上衣，平金團壽緞褂，外罩串珠彩繡長袍；頭戴珍珠串成的鳳冠，上面最大一枚如同雞卵，重約四兩；胸前佩戴著兩掛朝珠和各種各樣的飾品，用珍珠八百枚、寶石三十五枚；腰間繫串珠絲帶，共計九條；手腕佩飾一副鑽石鑲嵌的手鐲，由一朵大菊花和六朵小梅花連成，精緻無比；腳蹬一雙金絲彩繡串珠荷花履……口中還含著一枚罕見的大夜明珠。慈禧屍體入棺前，先在棺底鋪了三層繡花褥子和一層珍珠，厚約三十三公分。

　　第一層是金絲串珠錦褥，面上鑲著大珍珠一萬兩千六百〇四枚、紅藍寶石八十五枚、祖母綠兩枚、碧璽和白玉兩百〇三枚；第二層是繡滿荷花的絲褥，上面鋪撒著珍珠兩千四百枚；第三層是繡佛串珠薄褥，用了珍珠一千三百二十枚；頭上安放一片碧綠欲滴的翡翠荷葉，重二十二兩。腳下放著一朵粉紅色瑪瑙大蓮花，重三十六兩。

　　屍體入棺後，其頭枕黃綾芙蓉枕，身蓋各色珍珠堆繡的大朵牡丹花衾被；身旁擺放著金、玉、寶石、翡翠雕琢的佛爺各二十七尊；腿左右兩側各有翡翠西瓜一隻、甜瓜兩對、翡翠白菜兩棵，寶石製成的桃、杏、李、棗兩百多枚。白菜上面伏著一隻翠綠色的蟈蟈，葉旁落著兩隻黃蜂。

　　屍體左側放一枝翡翠蓮藕，三節白藕上雕著天然的灰色泥土，節處有葉片生出新綠，一朵蓮花開放正濃。屍體右側，豎放一棵玉雕紅珊瑚樹，上面纏繞青根、綠葉、紅果的蟠桃一隻，樹梢落一隻翠色小鳥。

　　另外，棺中還有玉石駿馬、十八羅漢等七百件。棺內的空隙，填充了四升珍珠和兩千兩百枚紅寶石、藍寶石。入殮後，屍體再覆蓋一床織綴著八百二十枚珍珠的捻金陀羅尼經⋯⋯」

【閱讀連結】

　　早期翡翠並不名貴，身價也不高，不為世人所重視，清代紀曉嵐在《閱微草堂筆記》中寫道：「蓋物之輕重，各以其時之時尚無定灘也，記余幼時，人蓡、珊瑚、青金石，價皆不貴，今則曰⋯⋯雲南翡翠玉，當時不以玉視之，不過如藍田乾黃，強名以玉耳，今則為珍玩，價遠出真玉上矣。」

　　據《石雅》得知，本世紀初大約四十五公斤重的翡翠石子值十一英鎊。翡翠石子中不乏精華，當時價格也很貴，但與二十一世紀初一千克的特級翡翠七八十萬美金相比，簡直是小巫見大巫。

▌孔雀精靈——孔雀石

■藍色孔雀石原石

　　孔雀石是銅的表生礦物，因含銅量高，所以呈綠色或暗綠色，古時也稱為「石綠」。因其顏色和它特有的同心圓狀花紋，猶如孔雀美麗的尾羽，故而得名，也因此尤為珍貴。

　　中國古代稱孔雀石為「綠青」、「石綠」或「青琅玕」。關於孔雀石名稱的由來，有一個淒豔的傳說：

　　遠古時候，陽春石菉一帶荒山野嶺，人煙稀少，有個青年名叫亞文上山工作，看見一隻鷹緊緊追趕一隻綠色孔雀，孔雀被鷹擊傷倒地。

　　亞文趕走了鷹，救出孔雀，把牠帶回家中敷藥治傷，終於把孔雀治好了。亞文把孔雀帶到山林中放飛，孔雀在半空盤旋了一周，向亞文叫喊幾聲，就向南飛去了。

　　亞文繼續每天辛勤的勞動。有一天，天氣酷熱，亞文中暑昏倒。過一會亞文悠悠醒來，一位美麗的綠衣姑娘正餵藥給自己，很是感激。

　　姑娘說道：「感君前次的救命之恩，我今天特來相報。」

　　亞文才知道姑娘是孔雀變的，他們款款交談後，互相愛慕。姑娘告辭時，亞文依依不捨。姑娘約亞文半夜到石茉河邊相會，這一夜，孔雀姑娘依約到河邊，和亞文結為夫妻。

　　孔雀姑娘私下凡塵和亞文成親的消息，被天帝知道了，天帝就命令天將將孔雀姑娘壓在石茉山下。

　　亞文回家不見孔雀姑娘，四處尋找，非常焦急。他為財主挖山採礦時，聽到大石中傳出孔雀姑娘的聲音，他為救出姑娘，就邀集礦工開山炸石，終於看見了綠瑩瑩的孔雀石。

　　亞文採回去開爐冶煉三天三夜，煉出了金光耀目的銅塊。他把銅塊磨成銅鏡，用水洗淨對鏡照看，發現孔雀姑娘正向他微笑。亞文把銅鏡放在床頭，經常看孔雀姑娘微笑的臉孔，相思成疾。

　　天帝見亞文和孔雀姑娘如此深情，就恩准他們結為夫妻，雙雙飛昇天界，從此石茉山嶺下就埋藏著許多美麗的孔雀石……

　　石家河文化是新石器時代末期，一個銅石並用時代的文化，距今約四千六百年至四千年，因發現於湖北省天門市石河鎮而得名，主要分布在湖北省及河南省豫西南、湖南省湘北一帶。

　　此地有一個規模很大的遺址群，多達五十餘處，該處已經發現有銅塊、玉器和祭祀遺蹟、類似於文字的刻畫符號和城址，表明石家河文化已經進入文明時代。

　　在石家河文化鄧家灣遺址，發現了銅塊和煉銅原料孔雀石，標誌著冶銅業的出現。

　　公元前十三世紀的殷商時期，就已有孔雀石石簪等工藝品、孔雀石「人俑」等陪葬品，由於它具有鮮豔的微藍綠色，使它成為古代最吸引人的裝飾材料之一。

　　如河南省安陽殷墟，發現用來冶煉青銅的礦石中就有孔雀石，其中最大的一塊重達十八點八公斤。

河南省三門峽市上村嶺，西周晚期至春秋初期的虢國貴族的墓地遺址中，也發現孔雀石兩件。還有大量動物形玉飾，如玉獅、玉虎、玉豹、玉鹿、玉蜻蜓、玉魚及玉海龜等。

其他西周墓地也發現有大量孔雀石製成的珠、管等飾品。

河北省涿鹿的春秋戰國時期墓葬發現的遺物中，也有孔雀石和與孔雀石伴生的藍銅礦。

古人還把孔雀石當作珍貴的中藥石藥，《本草綱目》記載：

「石綠生於銅坑內，乃銅之祖氣也，銅得紫陽之氣而變綠，綠久則成石，謂之石綠。」

中國古代還用於繪畫顏料，也稱「石綠」，便是以孔雀石為原材料磨製而成，經千年而不褪色。

西漢南越王墓發現的孔雀石藥石、銅框鑲玉卮和銅框鑲玉蓋杯，還有帶著明顯銅沁的玉角杯。這些遺物強烈暗示，在兩千兩百年前的西漢，陽春的孔雀石已被南越王用來作為繪畫的顏料、煉丹的藥石、煉銅的原料、鑲嵌用玉石。

廣東省陽春的孔雀石開採及冶銅始於東漢，在礦區考古發現的漢代冶煉遺址延綿幾公里長，遺留的銅礦廢渣竟達一百多萬噸。

唐代孔雀石又被稱為豹紋石，人們發現了孔雀石石質較軟，易於雕刻加工，因此唐代孔雀石其製作工藝複雜，有些孔雀石器物加工的極為精細，平底極平，圓器極規整，弧度極優美，器物壁極薄，器蓋與器身嚴絲合縫，看著這些精美的器物，不禁感嘆唐人高超的工藝水平。

如唐代孔雀石盒，高五點二公分，口徑十五點五公分，腹徑十六點五公分。盒直壁，玉璧底，子母口。可能是沿絲綢之路運來的孔雀紋石，此種石料唯長安、洛陽唐代遺址有發現，從器形和一起發現的其他器物推斷，此種材料的器物當時十分珍貴。

與此相類似的還有孔雀石粉盒，直徑七公分，高三點三公分。

在唐代時，根據《無量壽經》記載，孔雀石也曾作為佛教七寶之一，有時還被製成盛裝佛骨舍利的函。

如唐孔雀石舍利函，函為長方形清碧色帶花斑孔雀石，蓋為覆斗形，子母口。莊嚴神聖。

函內的棺為黃金製成，灌溉四周用金線綴滿琉璃珠，棺前擋上方正中綴一顆較大琉璃珠，以下鑿出雙扇大門，門上方為弧形，門上有數排門釘，描繪硃砂。

琉璃瓶多面磨刻，長頸，蓋為帶鏨工、形如花蒂的黃金製成。瓶內盛數枚不同顏色的固體物，應是佛舍利。

鐵燈為六面樓閣，一面開門，五面開窗，閣內有佛；閣上方為榭，帶護欄，六面各站一佛，態度嫻靜，樹中間燈柱為一擎物力士，鼓肌瞪目，極富力度；力士頭擎蓮花，花瓣分三層，花蕊作為燈盞，俊逸美妙；六足稍稍外撇，下部內收。整個器型莊重曼妙，富有極其浪漫的想像力。

金棺置於函內，金蓋琉璃瓶置於棺內，鐵質蓮花燈置於函側。為佛教儀軌中重要實物資料。

除此之外，孔雀石還有的被雕鏤成薰爐、塤等日常用具和樂器，代表了唐時代長安和洛陽豪華的風尚。

如這件唐孔雀石薰爐，高八點五公分，口徑四公分，底徑九點五公分，以當時極其名貴的進口料孔雀石製成，用以點燃薰香。

唐代孔雀石塤，直徑二十八公分，高九點五公分，口徑一點二公分，底徑五公分，正面六孔，背面兩孔，吹奏音質如初，是中國音樂史重要的史料。

至宋代，瓷器製作空前的發展，匠人們發現，若將孔雀綠敷蓋於青花上，則青花色調變黑，頗有磁州窯孔雀綠黑花的效果。

這時的孔雀石雕刻器物如宋代孔雀石印章，文房用具，高六點五公分，寬三點五公分，重一百五十三克。還有孔雀石原石擺件，高約三十公分，寬約二十公分，厚約十五公分左右，重竟達約十五至二十公斤。

這種技術一直延續至後世的明清，如明朝孔雀石獸鎮，高十一公分，雕刻的瑞獸外相十分兇猛強悍。

還有明代孔雀石魚紋海水紋文房罐，高五點八公分，直徑九公分，孔雀石顏色非常漂亮，帶四魚紋飾，下部為海水紋飾。

清朝的慈禧太后，就曾經用孔雀石、瑪瑙、玉三種寶石製作的面部按摩器，在臉上的穴位滾動，從而促進血液循環，疏通面部神經，達到祛斑美白的作用。

北京也珍藏著清廷賞玩的孔雀石山水盆景和工藝品。清代宮廷將孔雀石視為雅石文房材料中的一種，如清代孔雀石嵌白玉雕人物故事山子，此山子以天然孔雀石雕刻而成，通景山石人物故事圖。山石層疊，高台側立，古樹參天，蒼松繁茂，屋舍隱約，右側高仕童子攜琴訪友。

畫面中人物以和田白玉圓雕而成，與孔雀石顏色相映成趣，雕工精湛，渾然天成。是典型的清代工藝風格。

再如清代孔雀石盤，高一點八公分，長二十點七公分，寬十五點四公分。盤為綠色孔雀石製成，淺式，雕成荷葉形。盤內、外有陰刻和淺浮雕的葉脈紋。此盤孔雀石含有綠色的美麗花紋。其下以紅木透雕的荷花枝為座。亮色的淺盤與暗色的木座搭配，形成鮮明的色彩對比。

還有清孔雀石鼻煙壺，高六點五公分，口徑一點六公分，扁圓形，通體為深淺綠色花紋相間，充分顯示出孔雀石天然生成的紋理。其頂上有鏨花銅鍍金托嵌紅色珊瑚蓋，下連以玳瑁匙，底有橢圓形足。

以孔雀石製作的鼻煙壺極為少見，此煙壺顏色深沉，蓋鈕以紅色珊瑚加以點綴，可謂萬綠叢中一點紅，使煙壺整體顯得十分活潑。

【閱讀連結】

孔雀石的品種有普通孔雀石、孔雀石寶石、孔雀石貓眼石、青孔雀石。孔雀石寶石是非常罕見的孔雀石晶體。

　　孔雀石作為觀賞石、工藝觀賞品，要求顏色鮮豔，純正均勻，色帶紋帶清晰，塊體緻密無洞，越大越好。孔雀石貓眼石要求其底色正，光帶清晰。

　　孔雀石雖然名字裡有個「石」，卻幾乎沒有石頭堅硬、穩固的特點。它的韌性差，非常脆弱，所以很容易碎，害怕碰撞，故孔雀石首飾的設計需要精湛的工藝。

▌純潔如水 —— 水晶

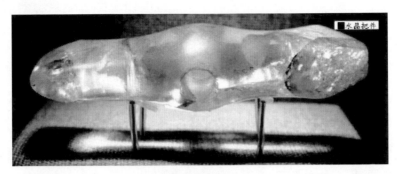

■水晶把件

世人都相信，天下最純淨的東西莫過於水晶，它常被人們比作純潔少女的淚珠、夏夜蒼穹的繁星、聖人智慧的結晶、大地萬物的精髓。

人們還為珍奇的水晶賦予許多美麗的神話，有關水晶的本源，民間廣泛傳播兩個故事：

第一種傳說，水晶是由天上的晶牛所帶來。

據說，早先東海牛山腳下有個種瓜老漢，種了一輩子西瓜。這年春旱，牛山乾裂，老漢種了五畝西瓜，每天辛苦挑水灌溉才保住了一個西瓜，而西瓜越長越大，不覺竟有籮籃大。

一日晌午，鄰村一個綽號「爛膏藥」的財主走得口渴，非要買這顆西瓜解渴。

老漢正躊躇，這時從瓜裡傳來牛的乞請聲：「瓜爺爺，我是牛山的晶牛，你快救救我！」

種瓜老漢感到奇怪，問：「你怎麼鑽到西瓜裡了？」

晶牛慢慢說：「天太熱，我渴極了鑽到這瓜裡喝西瓜汁，撐得出不來了。」

「我怎麼救你呢？」瓜老漢急得直搓手。

晶牛說：「這樣，你千萬不可賣給那惡徒，他若把我進貢給皇上，牛山就沒寶啦！你盡早把西瓜切開，放我出去吧！」

正說著，「爛膏藥」使喚僕人前來搶西瓜。說時遲那時快，瓜老漢揮刀朝西瓜劈下，「轟隆」一聲，一道金光從瓜裡射出，照亮了半邊空中，整個牛山放光閃爍。

再看，隨著金光奔出來的晶牛產出一個晶塊，晶明透亮，把人的眼睛都照花了。

神牛見了老漢，跪倒就磕頭：「瓜爺爺，你這地裡有晶豆子，趕快收吧！」

「爛膏藥」瞧見了晶牛，喜從天降，忙使喚僕人：「牛怕三撐，快撒開攔住，逮住晶牛，收晶豆子！」

一夥僕人團團將晶牛圍住，晶牛東奔西突，牠被拉到哪邊，哪邊就晶光閃爍。

晶牛左衝右闖也出不了重圍，瓜老漢急了，用刀背對準牛屁股「咚」地捅了一下，喊聲：「還不快點走！」

只聽「哞」的一聲吼，晶牛負痛竄起，一下子將「爛膏藥」撞了七竅出血，騰空朝牛山奔去，只見牛山金光一閃，晶牛一頭鑽進山肚裡去了。

僕人們哭喪著臉，將「爛膏藥」的屍身拉了歸去。瓜老漢再定神細看，滿地點點火亮跳躍，他找來鐵鍬一挖，挖出一些亮晶晶、水汪汪的石頭，竟都是值錢的水晶。

水晶與神牛，東海民間另有一種說法：相傳天上一頭神牛偷下塵寰，還偷吃瓜農的西瓜，被瓜園的僕役發現。於是遭到追趕，從西南至東北，神牛一邊奔騰，一邊撒尿，牛尿浸到哪塊地，哪塊地就長出水晶……

傳說畢竟是傳說，但中國的水晶工藝歷史悠久，如浙江省杭州半山鎮的石塘村，就發現戰國時期的一件水晶杯。敞口，平唇，斜直壁，圓底，圈足外撇。素面無紋，造型簡潔，為中國早期水晶製品中最大的一件，也可能是最早的一件水晶製品。

　　玉英、水玉都是水晶早期的別稱。傳說古時候赤松子曾服玉英，以教神農，並跳進火裡焚燒自己，登仙去了崑崙山，連炎帝神農的小女兒也照此法服水晶入火，自焚隨他而去。

　　水晶是澄澈的無機物、曠世的精靈，蘊藏著天地間的靈秀之氣，流瀉宇宙裡的雄渾之韻，凝聚著文明古國的文化情結。

　　《山海經》中，水晶又被稱作「水碧」：「又南三百里，曰耿山，無草木，多水碧。」郭璞注：「亦水玉類。」這種稱謂常被文人引用，晉代郭景純的〈璞江賦〉寫道：「瑰，水碧潛。」

　　水晶又有人稱作「玉瑛」，《符瑞圖》中記載「美石似玉，水精謂之玉瑛也。」

　　司馬相如的〈上林賦〉寫道：「水玉磊河」。水晶得名水玉，古人是看重「其瑩如水，其堅如玉」的質地，唐代詩人溫庭筠在〈題李處士幽居〉寫道：「水玉簪頭白角巾，瑤琴寂歷拂輕塵。」

　　而在《廣雅》中則有巧解，說水晶「水之精靈也」；李時珍則說：「瑩潔晶光，如水之精英。」細加考究，此稱還蘊含著濃厚的宗教意味呢！

　　水精一名，最初見於佛書，後漢支曜翻譯的《具光明定意經》說道：「其所行道，色如水精。」

　　《廣雅》中也稱水晶叫「石英」，色白如瑩者又叫「白」，為附的異形字。司馬相如的〈子虛賦〉中就有「雌黃白」之句，蘇林解釋說「白，白石英也。」

　　另外，水晶在古代也有其他叫法，如《庶物異名疏》中說：「水精出大秦國，一名黎難。」

　　結晶完整的水晶晶體，如參差交錯的馬齒，所以人們又叫它馬牙石，先民最早用它研磨成鏡片，因而起了一個「眼鏡石」的綽號。

　　水晶有通稱，也有俗稱。廣州一帶稱水晶叫「晶玉」，又名「魚腦凍」；江蘇省東海縣山民發現水晶會「竄火苗」，於是給它起了「放光石」的俗名。

世間一物多名，不足為奇，而像水晶擁有這麼多的別稱，實不多見，從水玉、水碧、白玉、玉瑛、水精石英、黎難、晶玉至菩薩石、馬牙石、眼鏡石、放光石、千年冰、高山凍、魚腦凍等，簡直構成一部奇石鑒賞史。

水晶成為楚騷、漢賦、唐詩、宋詞、元曲一個歌吟不息的對象，構築了中國文學史上許多不朽詩篇。李商隱、杜牧、白居易、歐陽修、蘇軾、辛棄疾、楊萬里、吳文英、楊基、魏源等詩壇、詞林大家都歌吟過關於水晶的佳篇。

大詩人屈原的作品最早提到水晶，詩中「勝美玉」、「過冰清」，寫出水晶的質地美，而「亦欲應時明」則描繪出水晶充滿靈性的動態美，耐人尋味。

東漢時期，由於國家的強盛和民族精神的振奮，造型藝術蓬勃發展，作品中洋溢著一種深沉雄大的精神和磅礡氣勢。

除了寫實的具體形象外，當時藝匠的創作思維，必然受到傳統文化的影響。如中國的原始圖騰崇拜、道教、儒學的各種教義、學說等，出現了神瑞化的裝飾，獅生雙翼、身帶雲火等，使得各種瑞獸的形象能上天、驅妖除魔、戰勝一切，實現人們美好的願望。

當時都帶有古代文化慣性中圖騰式的造型藝術手法，對具體物象採取浪漫而神瑞化的裝飾。

《周書》記載：「無為虎傅翼，將飛入宮，擇人而食。」突出表現獅子的威武、悍烈、強健和兇猛的氣質；《山海經·海內北經》也說道：「窮奇，狀如虎，有翼。」

可見，在突出基本物象的同時，在肩上添一雙翅膀，更加顯示瑞獸的無限神威。

如獸類的頭角、鬚毛、翼羽、爪蹄、雲火等，都恰到好處地進行變形、加強和綜合，裝飾到獸類身上。這種裝飾性的形體處理，使獸類變得怪異而豐富，上天能飛、下水能潛，反映人們征服自然，驅除妖魔的美好意願。

如山東臨沂市吳白莊漢墓中發現的水晶獸，該器物高二點三公分，長四公分。通體晶瑩剔透，圓雕一瑞獸形象，亦虎亦獅，弓背臥踞，以極其洗練的刀法雕刻出耳、目、鼻、口、四肢及尾部，寂寂無聲地坐在那裡，神態自若地細數著千年往事……

東漢時期的喪葬制度，是現實生活的縮影，是以一種比較抽象、概括、而又固定的形式，反映了民族思想意識和風俗習慣。

秦漢時期，祖先崇拜和靈魂不滅觀念已根深蒂固；東漢時期，儒學和統治階級提倡重倫理的道德觀念更深入人心。受這兩股思潮的影響，東漢厚葬的風氣越演越烈。

「厚葬」之風自然也反映到東漢時期的造型藝術上，昭帝時的「賢良文學」對此便有精闢的解說：「生不能致其受敬，死以奢侈相高。顯名立於世，光榮著於俗。」

所以，從文化的深層上說，水晶獸的出現不單純限於喪葬祭祀，更多地蘊含諸如社會價值、人生品質、人格理想、生命境界等文化「意味」，是審美文化的一種特殊表現形態。

水晶在光照下能折射神奇的靈光，被佛教認為是佛的五彩祥雲。佛經將水晶列入佛家七寶，認為水晶是聖人智慧的結晶，大地萬物的精華，能蓄納佛家淨土的光明和智慧，是珠寶中充滿靈性的吉祥之物。從古至今用水晶來雕刻各類題材的藝術品出土和傳世的都很多，但是用水晶雕製佛塔卻是很罕見。

如唐代的水晶舍利佛塔，高八公分，寬六公分，形狀為單層四方亭閣式，單檐四門，上置有寶珠頂塔剎，塔的四壁用淺浮雕刻有佛像，整個塔身的陰刻線內塗滿泥金。

水晶舍利佛塔看起來不大，但用陰刻線和淺浮雕明顯地刻出塔基、塔身、塔檐和寶頂幾個部分。塔基以陰刻仰蓮為底台，底台上以石塊壘砌為座，再以刻畫著象徵性石級飛梯至塔身的亭座。

塔身為正方形，四周有廊柱，廊柱從上往下飾纏枝蓮紋，塔身用石塊疊砌到頂，挑出作為塔四角攢尖的錐狀屋頂，四面單檐角略微翹起，闌額及檐下均刻網紋。攢尖式塔的屋頂為層瓦疊砌，塔頂上的塔剎以仰蓮花朵捧托火焰寶珠作為頂。

在塔身的四壁辟有方門式佛龕，佛龕內用淺浮雕各刻畫一尊佛像，這四尊佛像皆螺發肉髻，顏面豐滿，細眉慈眼，安詳恬靜，身著右袒肩式衣飾，跏趺坐於蓮花座上，有不同的手勢。佛的背後有背光，因為都是最高的佛陀，所以是頭光和身光兼備的背光。

按照佛經記載：世界被分為四個方位，每個方位都由一個大智大勇的佛掌管，他們分別為東方的阿閦佛、西方的阿彌陀佛、南方的保生佛與北方的不空成就佛。水晶佛塔四壁的四尊佛像就是按這一記載布置雕刻，供奉時則按照四佛的對應方位置放水晶佛塔。

此水晶佛塔小巧玲瓏，紋飾清晰，造型逼真，雕刻古樸，宏偉莊重，洋溢著濃郁的佛教藝術特色，看得出是由當時虔誠的供奉人懷著崇敬的心情製作。

不惜花費重金，使用當時最珍貴的材料，由匠人精心製作而成。作為宗教法器，或為大型佛塔下面的地宮裡供奉，再經過千年流傳輾轉存世。

此水晶佛塔與陝西省扶風法門寺真身寶塔地宮中，發現的唐代四門金塔為同一樣式，再加上唐以後的佛像造像中出現背光的較少，所以定此塔為唐代的水晶舍利佛塔。

另外，廣東南越國宮署遺址也發現有唐代水晶。

宋代人上至皇帝，下至文人墨客，都醉心於「風花雪月」。這個時代特徵反映在硯上，就是以蟬形硯為代表的仿生硯的創製，以及仿生硯中植物造型和紋飾的大量使用。通透俊逸的宋代蟬形水晶硯，就是這個時期文人雅士硯的典型代表。

中國的「蟬文化」由來已久。新石器時期已出現喪葬死者含玉的習俗；商周以來，此俗傳承，商時有含貝者，西周有含蟬形玉者，春秋時有含珠玉者；戰國以後，盛行死者含蟬形玉，於漢尤甚。

此類蟬形有玉製，也有晶瑩的水晶製成，乃取其清高，飲露而不食。漢太史司馬遷在《史記·屈原賈生列傳》中記載：「蟬，蛻於蝕穢，以浮游塵埃之外，不獲世之滋垢。」寓借蟬性賦予死者再生、復生之含義，也借蟬之飲露，隱喻清潔高雅。

漢魏以來，許多文人稱頌蟬的美德，如東漢文學家、中國第一個女歷史學家班昭的〈蟬賦〉、三國時期曹植的〈蟬賦〉、西晉陸雲的〈寒蟬賦並序〉等，都以蟬形貌、習性比喻人的美德。

從此，本屬「微陋」之物的蟬，在文人心目中便提升了價值，成為高潔人格的化身。受到文人美化的蟬，其實正是對象化的文人自身，是文人自身道德人格的美化，而水晶的蟬，更是將這種文化提高到了一個無上的高度。

至宋、元、明三朝，「蟬文化」又深入硯雕領域，蟬形硯盛極一時。借物寓人是中國古代文人墨客抒懷的慣常技法，古人認為蟬棲於高枝，風餐露宿、不食人間煙火，是高潔的象徵，以其喻人品高潔。

山東鄒縣魯王朱雲墓中，發現多件明代水晶器物。如水晶臥鹿，高六點二公分，寬四點七公分，長九點七公分，水晶臥鹿呈潔白，透光。鹿伏臥，昂首，口微張，直頸，弓背，屈肢，平臥於地，臀部肥大，小尾上翹。

水晶臥鹿與水晶獨角獸硯壺及其他文具同時被發現，形態生動，刀法簡練，雕琢圓滑，是明代初期水晶製品的代表作。另外還有明代水晶送子觀音和水晶羅漢，也都是精美的水晶製品。水晶羅漢頭像長四點五公分，寬三公分，厚二點五公分。

布袋似乎不登大雅之堂，但民間卻很看重它。歷史上曾有一個禪宗方僧，常常背著一個大布袋到處化緣，乞求布施，人號布袋和尚。他死後人們又多次看過他，所以，人們認為他是彌勒佛的化身。

在很多的地方，一般家庭在布袋裡常放些稻米，不能讓它空著，這樣就能求得天地賜食。有的地方驅除鬼魅的巫師，常常一手拿竹枝，一手拿一個布袋，據說能把鬼魅趕進布袋化為烏有。

如清代白水晶布袋和尚立像，重二十九點三克，高四點八公分，寬二點六公分，最厚一點八公分。

還有水晶布袋和尚臥像，長九點八公分，雖然布袋和尚沒有其他神仙那麼神聖，但是讓深入民眾，為大家排憂解難，深得廣大民眾的敬重和喜愛。

不管布袋和尚是否真的存在過，他的精神和形象永存在人們的心中。

清乾隆水晶臥佛，長十五公分，高十三公分，造型精美，精品之作。水晶臥佛上還鑲有紅寶石、藍寶石、綠松石。

清乾隆時期，由通體無雲霧絮狀的優質水晶，雕琢而成的橢圓形的水晶香薰爐非常有特色。該香薰爐不僅質地純淨明瑩，顏色沉穩，而且製作精良，工藝精湛，香爐高十一點七公分，兩耳處長十四點七公分，腹部寬處為五點五公分。

兩耳處各有一個活動環，捧的時候幅度稍大會「叮噹」作響。該爐製作得非常圓潤，仔細觀察和撫摸，爐腹及爐蓋內也打磨得非常光滑和齊整。更讓人想像無限的是爐蓋上的那隻獅子，牠正回首環望蒼茫大地，一派王者風範，而爐腿上的三隻獅首也象徵著皇家的威嚴。

整個香薰爐造型，在水晶上運用陰、陽、鏤雕於一身的綜合工藝，不僅成本高昂，技術要求也是非同小可。

再如水晶浮雕龍紋獸耳活環螭紐蓋瓶，高二十二點二公分。水晶材質晶瑩剔透，立雕螭龍攀抓靈芝為紐，瓶頸浮雕雲蝠紋，兩側飾獸首活環為耳，瓶身雙面刻雲龍紋飾，兩側浮雕螭龍靈芝紋與蓋紐相應，通體紋飾繁複，刻工流暢，打磨光滑，工藝精湛。

清代仿古之風盛行，以各種材質製作的仿商周青銅器器物流行一時，水晶也不例外。

　　如清水晶梟形水丞，直徑八點八公分，高三公分。水丞又稱水中丞，通常稱水盂，是置於書案上的貯水器，用於貯硯水，多屬扁圓形，有嘴的叫「水注」，無嘴的叫「水丞」，製作古樸雅緻，被稱為文房「第五寶」。

　　水晶龍首觥，高十四點四公分，製作技法高超，精美絕倫，其材質、尺寸、雕刻風格與清水晶梟形水丞相近，或同屬清宮造辦處製作的文房賞玩之器。

　　內畫鼻煙壺，是中國特有的傳統的工藝品種，自清代嘉慶年間內畫鼻煙壺製作以來，一躍而成為中國藝術殿堂中的一顆璀璨明珠。

　　內畫鼻煙壺發祥於京城，為當時皇宮貴族、達官貴人所擁有。如葉仲山水晶內畫嬰戲鼻煙壺，在純淨透明的煙壺內壁描繪青山綠水之旁，幾個兒童正手牽手圍成圈嬉戲玩耍，生動活潑、栩栩如生、極富童趣。

　　馬少宣水晶內畫蝴蝶圖鼻煙壺，高七點二公分。壺身為水晶料，壺蓋為玉料。正面內壁繪數隻彩蝶，翩翩起舞於花叢之中。壺身上方中間位置有四字題款：「探花及第」，旁邊鈐橢圓形白文「宣」印。

　　壺身的反面有楷書六行豎行款：「戊戌冬日。百樣精神百樣春，小園深處靜無塵。筆花妙得天然趣，不是尋常夢裡人。於京師作，馬少宣」。

【閱讀連結】

　　對任何寶石來說，顏色都非常重要，水晶也不例外。

　　如果水晶晶體是有顏色，如粉水晶、黃水晶、紫水晶等，其顏色評價的最高標準則是明豔動人，不帶有灰色、黑色、褐色等其他色調，如粉水晶，顏色以粉紅為佳；紫水晶，要求顏色為鮮紫，純淨不發黑；黃水晶，要求顏色不含綠色、檸檬色調，以金桔色為佳。

▌色相如天──青金石

■青金石雕和合二仙

　　青金石，中國古代稱為「璆琳」、「金精」、「瑾瑜」、「青黛」等。屬於佛教七寶之一，在佛教中稱為「吠努離」或「璧琉璃」。

　　青金石以色澤均勻無裂紋，質地細膩有漂亮的金星為佳，如果黃鐵礦含量較低，在表面不出現金星也不影響品質。但是如果金星色澤發黑、發暗，或者方解石含量過多，在表面形成大面積的白斑，則價值大大降低。

　　呈藍色的青金石古器甚為珍貴。《石雅》記載：「青金石色相如天，或復金屑散亂，光輝燦爛，若眾星麗於天也。」

　　所以中國古代通常用青金石作為上天威嚴崇高的象徵。

　　《尚書·禹貢》中，記載了夏代時位於西方的雍州，曾向中心王朝納貢璆琳，而璆琳就是青金石的波斯語音譯。說明青金石在夏代就已有利用，成為王朝禮法劃定的神聖貢物。

最古老的青金石製品，是由戰國的曾侯乙墓中發現，還發現了大量青銅器、黃金製品、鋁錫製品、絲麻製品、皮革製品和其他玉石製品。

墓中的玉石製品大都為佩飾物或葬玉，數目多達五百二十八件，除了青金石，還有玉、寶石、水晶、紫晶、琉璃等，其中不少為稀世精品。

此外，在吳越地區還發現一把戰國時期的越王劍，其劍把鑲嵌了藍綠色寶石。後經認定，這把越王劍的劍把所鑲玉石一邊為青金石，另一邊為綠松石。

《呂氏春秋·重己》中記載：「人不愛崑山之玉、江漢之珠，而愛己之一蒼璧、小璣，有之利故也。」

這裡將「蒼璧」與「崑山之玉」作為兩件對比的事物，顯見兩者雖然不同，但肯定有很多相似的特徵，因此蒼璧或許是青金石。

東晉王嘉所著《拾遺記》的卷五中記載：「昔始皇為塚……以琉璃雜寶為龜魚。」因此有人認為這裡所說的秦始皇墓中所謂的「琉璃」就是青金石。

但可以肯定的是，中國在東漢時已正式定名「青金石」。在中國古代，入葬青金石有「以其色青，此以達升天之路故用之」的說法，多被用來製作皇帝的葬器。據說以青金石切割成眼睛的形狀，配上黃金的太陽之眼，能夠守護死者並給予勇氣。

在徐州東漢彭城的靖王劉恭墓中，發現一件鎏金嵌寶獸形硯盒，高十公分，長二十五公分，重三點八五公斤。硯盒做怪獸伏地狀，通體鎏金，盒身鑲嵌有紅珊瑚、綠松石和青金石。

南北朝時期，西域地區的青金石不斷傳入中原。如河北省贊皇的東魏李希宋墓中，發現了一枚鑲青金石的金戒指，重十一點七五克，所鑲的青金石呈藍灰色，上刻一鹿，周邊有聯珠紋。

在南朝詩人徐陵的〈玉臺新詠·序〉中有記載：「琉璃硯匣，終日隨身，翡翠筆床，無時離手。」從翡翠到清代才傳入中國，與宋代歐陽修類似的記載來看，這裡的所謂「翡翠」指的就是價值昂貴的青金。

　　至隋唐時期，中國與中亞地區的交往越發頻繁，也反映在青金石的使用上，如陝西省西安郊區的隋朝李靜訓墓中，發現一件異常珍貴的金項鏈，金項鏈上就鑲嵌有青金石。

　　根據墓誌和有關文獻得知：李靜訓家世顯赫，她的曾祖父李賢是北周驃騎大將軍、河西郡公；祖父李崇，是一代名將，年輕時隨周武帝平齊，以後又與隋文帝楊堅一起打天下，官至上柱國。

　　公元五八三年，在抵擋突厥侵犯的戰爭中以身殉國，終年才四十八歲，追贈豫、息、申、永、澮、亳六州諸軍事、豫州刺史。

　　李崇之子李敏，就是李靜訓的父親。隋文帝楊堅念李崇為國捐軀，對李敏倍加恩寵，自幼養於宮中。李敏多才多藝，《隋書》中說他「美姿儀，善騎射，歌舞管弦，無不通解。」

　　開皇初年，周宣帝宇文贇與獨生女宇文娥英（隋文帝楊堅的外孫女）親自選婿，數百人中就選中了李敏，並封為上柱國，官至光祿大夫。

　　據墓誌記載：李靜訓自幼深受外祖母周皇太后的溺愛，一直在宮中撫養，「訓承長樂，獨見慈撫之恩，教習深宮，彌遵柔順之德」；然而「繁霜畫下，英苕春落，未登弄玉之台，便悲澤蘭之天。」

　　公元六〇八年六月一日，李靜訓歿於宮中，年方九歲。皇太后楊麗華十分悲痛，厚禮葬之。

　　李靜訓墓金項鏈周徑四十三公分、重十一點二五克，這條項鏈是由二十八個金質球形飾組成，球飾上各嵌有十枚珍珠。金球分左右兩組，各球之間繫有多股金絲編織的鎖鏈連接。鏈兩端用一金鈕飾相連，金鈕中為一圓形金飾，其上鑲嵌一個刻有陰紋馴鹿的深藍色珠飾。

　　兩組金球的頂端各有一嵌青金石的方形金飾，上附一金環，鈕飾兩端之鉤即納入環內。項鏈下端為一垂珠飾，居中者為一嵌雞血石和二十四枚珍珠的圓形金飾，兩側各有一四邊內曲的方形金飾。最下掛一心形藍色垂珠，邊緣金飾做三角並行線凹入。

北宋大文豪歐陽修在《歸田錄》中記載：

「翡翠屑金，人氣粉犀，此二物，則世人未知者。余家有一玉罌，形制甚古而精巧。始得之，梅聖俞以為碧玉。

在潁州時，嘗以示僚屬，坐有兵馬鈐轄鄧保吉者，真宗朝老內臣也，識之曰：『此寶器也，謂之翡翠。』

云：『禁中寶物皆藏宜聖庫，庫中有翡翠盞一隻，所以識也。』

其後予偶以金環於罌腹信手磨之，金屑紛紛而落，如硯中磨墨，始知翡翠之能屑金也。」

由此可見，「屑金之翡翠」中，應既有可以被古人誤認為是金屑的黃鐵礦，更應珍貴，被古人認可，而且有著悠久的使用歷史。那麼，其中的「金屑」實際是黃鐵礦，「翡翠」實際是青金石。

明代學者姜紹書在《韻石齋筆談》中記載，明朝的翡翠硯「磨之以金，霏霏成屑」，與歐陽修記載翡翠玉罌「如硯中磨墨」的金環實驗比，結果是異曲同工。

由此證明了翡翠硯含有所謂金屑，而翡翠硯與前面所述「翡翠筆床」同為文房用品，以青金為製作材質，並不是說青金有益於提升其文房功能，而是為了突出青金的高貴。

以此類推，唐昭宗賞賜李存勖的「翡翠盤」和「鸂鶒卮」、後唐秦王李茂貞貢獻給莊宗李存勖的「翡翠爵」、後周劉重進在永寧宮找到的「翡翠瓶」、南唐時期作為大戶人家嫁妝的「翡翠指環」、北宋時期宋真宗的「翡翠盞」、北宋末期宋徽宗的「翡翠鸚鵡杯」與宋代文獻記載的「于闐翡翠」等，都是指青金石。

特別是鸂鶒卮和鸚鵡杯，實際上與「翡翠玉罌」一樣，都是用碧藍色鳥類的羽毛，如「鸂鶒」、「鸚鵡」、「翡翠」等，命名同為碧藍色的玉石，就是青金。

由此說明：至少在南北朝、隋唐、五代十國、兩宋和明朝，青金石已經隨著絲綢之路大規模輸入中原，青金製作的器物已經作為外邦的貢品，成為皇室收藏，有相當高的價值。

另外，青金石由於硬度不高，人們發現可以用於雕刻一些小型物件、印章等物品。

如宋代青金石大吉大利手把件，長四點八公分，寬四點七公分，厚三公分，重七十克，為一完整的雞的造型，扭頸回頭，古樸而厚重，寓意吉祥。

明代青金石雕鼠擺件，長六點八公分，高三點五公分，厚二點九公分，天藍色玻璃光澤亮麗，石雕表面微見不規則冰裂紋，腹股背有白線，似一絲白雲橫貫其間。

整件青金石雕鼠之造型做臥式狀，只見鼠的頭部向左略側，目光平視。尖嘴略張，長鬚緊貼其上，小又靈活的雙耳似在凝神竊聽四周的動靜，高高豎起。

短而粗壯的脖子，肥胖的軀體，細長的尾巴彎曲收向腹側，四爪緊緊貼於紅木底座。底座則雕以鏤空變體蓮葉紋，襯托出該石雕鼠的靈動逼真，猶如一隻呼之欲出的大藍鼠。

還有明代青金石鑲銀金剛杵，長四公分，應為貴族所配之物，規格高極為少見，牌子銀座為後包。

至清代，青金石除印章，也應用於雕刻擺件、山子、掛墜、如意等更複雜的物件。

如清代青金石瑞獸紐印章，高六點二公分，印章呈方形，上有獸形紐，以青金石雕琢而成，此印石體深藍，間有白花星點，表面打磨平整光潔，色澤瑩潤，獸紐形象古樸，雄渾大氣，雕琢精緻，形狀方正規整，為青金石印章之佳品。

清代青金石如意，長四十四公分，寬二點七公分，做工犀利，線條硬朗。

類似的還有清代青金石如意牌，圖案寓意多子多福、如意長壽，高五點二公分，長四公分，厚〇點六公分。色彩純正穩重，面有灑金，為上品青金石。雕刻雙石榴、雙靈芝、一朵花，寓意子孫繁盛，靈芝如意，確為青金石雕刻中的精品。

在古代，青金石除用作帝王的印章、如意之外，同時也是一種貴重的顏料。如敦煌莫高窟、敦煌西千佛洞，自北朝至清代的壁畫和彩塑，都使用了青金石作為藍色顏料。

至清代，皇室延續了使用青金石祭天的傳統。據《清會典圖考》記載：「皇帝朝珠雜飾，唯天壇用青金石，地壇用琥珀，日壇用珊瑚，月壇用綠松石；皇帝朝帶，其飾天壇用青金石，地壇用黃玉，日壇用珊瑚，月壇用白玉。」

皆借玉色來象徵天、地、日、月，其中以天為上。由於青金石玉石「色相如天」，故不論朝珠或朝帶，尤受重用。

明清以來，由於青金石「色相如天」，天為上，因此明清帝王重青金石，但在兩萬餘件清宮藏玉中，青金石雕刻品不及百件。

如清青金石鑲百寶人物故事山子，長十四公分，此山子採用深淺浮雕、鏤雕等技法施藝，畫面描繪的是五學士聚在一起品評詩文的情景。所描繪人物各具情態，傳神生動。山子上人物採以圓雕技法用孔雀石、白玉、綠松石、壽山石等雕琢而成，再配以原木底座，座上有「乾隆年製」款。

整件山子，布局合理，刀鋒銳利，層次繁密，場景布局合理，展現了一派世外桃源之景，充分體現了工匠的高超技法。

青金石不僅以其鮮豔的青色贏得人民的喜愛，也是藏傳佛教中藥師佛的身色，所以清代也將其用於佛教體裁的器物中。如乾隆足金嵌寶四面佛長壽罐，此件為密宗修長壽之法時用的法器。工藝精細，通體足金嵌各色寶石，切割工整細密，底部雕仰覆蓮瓣。

藏傳佛教常以綠松石、青金石、硨磲、紅珊瑚、黃金等礦物代表五佛白、綠、青、紅、黃的五方五色。紅珊瑚長壽佛，綠松石綠度母，青金石文殊，硨磲四臂觀音，無一不精，是乾隆年間御賜之物。

　　清代御製銅鎏金嵌寶石文殊菩薩寶盒，高十點五公分，寬十四點三公分，寶盒為祭祀用的法器。盒內盛米，每當活佛主持重要法事時，便從此盒中將米撒向眾生，寓意賜福眾生，而能得到這樣的米，是一個人畢生的歡欣。

　　本寶盒上蓋鑲有降魔杵，下蓋以松石、紅珊瑚、孔雀石、青金石、珍珠和金銀線累金鑲嵌文殊菩薩造像，本尊飾以純金嵌寶石。人物栩栩如生，神態莊嚴安詳。

　　寶盒外部以青金石、紅珊瑚和松石堆砌而成雙龍趕珠紋。做工精美細膩，用料考究，是十分罕見的宮廷藝術珍品。

　　清代御製金包右旋法螺五件，高十二點五公分，大小相同，無翅金包右旋白法螺，工藝精湛，紋飾精美、通體鑲有紅綠寶石。螺體嵌刻五方佛，代表五智，廣受尊崇。

　　清代御製銅鎏金水晶頂嵌寶石舍利塔，高二十點五公分，寬十六點二公分。

　　清代御製鏤金嵌寶石蓮花生大士金螺，高三十六點五公分，寬二十五公分，此法螺是白螺為胎，通體包金嵌刻紋飾，間飾紅綠寶石，邊鑲金翅，其上嵌刻有蓮花生大師咒。

　　蓮花生大師是印度高僧，藏傳佛教的創始人。吐蕃王赤松德贊創建一座佛教寺院桑耶寺，遭到了極大的阻力，於是便派遣使者從尼泊爾迎請蓮花生大師前來扶正壓邪，降妖除怪，創建佛寺，弘揚佛教。當人們吹響法螺，喻意念動蓮花生大師咒，便可得其護佑。

　　至於清代帝后們使用的各色首飾和儀禮用品，青金石的使用也很普遍，如清宮遺存中價值最高、最珍貴的文物乾隆金髮塔，其塔座和龕邊就鑲嵌了很多青金石。

【閱讀連結】

　　優質青金石的蔚藍色調使得青金的質地宛如秋夜的天幕，深曠而明淨；蔚藍色上還交錯著燦燦金光，宛如藍色天幕上閃爍繁星。

天幕與繁星水乳交融,讓人心曠神怡。在蔚藍色和燦燦金光的陶冶下,作為凡夫俗子的我們能不心神沉醉、自由遙想嗎?

的確,青金石就是這樣一種石頭,可以助人催眠,或者開展冥想,可以平復心情,消除煩躁和不安。

青金石還可以保佑佩戴者的平安和健康,增強人的觀察力和靈性,彰顯佩戴者高貴清新、溫文儒雅的氣質。

佛寶之珍——瑪瑙

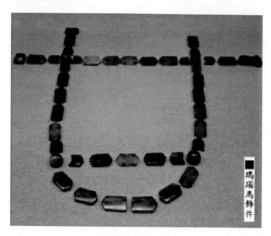

■瑪瑙馬飾件

古時的人，一說起珠寶，就必稱「珍珠瑪瑙」，充分說明了瑪瑙在中國古代人心目中的地位。有記載說由於瑪瑙的原石外形和馬腦相似，因此稱它為「瑪瑙」。

瑪瑙是一種不定形狀的寶石，通常有紅、黑、黃、綠、藍、紫、灰等各種顏色，而且一般都會具有各種不同顏色的層狀及圓形條紋環帶，類似於樹木的年輪。

藍、紫、綠瑪瑙較高檔稀有，又名「玉髓」。瑪瑙是水晶的基床，很多水晶是生長在瑪瑙礦石身上，它同水晶一樣也是一種古老寶石。

傳說擁有瑪瑙可以強化自己與愛人之間的感情，這種說法來自中國北方天絲瑪瑙來歷的傳說：

相傳，遼寧省阜新蒙古族的寶柱營，有一個叫做玉梅的少婦，美麗善良、聰明勤勞。她與丈夫田龍結婚後，夫妻倆互敬互愛，感情深摯，不料偏執頑固的田母卻看她不順眼，百般挑剔，並威逼田龍將她休掉。

　　田龍迫於母命，無奈只得勸說玉梅暫避娘家，待日後再設法接她回家。分手時兩人盟誓，永不相負，田龍發誓日後必定要再接他過門。誰知玉梅回到娘家後，趨炎附勢的哥哥逼她改嫁官家的兒子，即日舉行婚禮。

　　田龍聞訊趕來，想要把玉梅搶走，但是，當他趕到玉梅家的時候，玉梅已經在上轎前縱身跳進寬闊的江河裡。田龍悲痛至極，也跳了下去。兩個人雙雙殉情而死，身體沉落到江河深處。河裡的水草環繞在他們的身旁，被他們至死不渝的愛情所感動，團團包裹著他們的身體，集天地之精華。

　　千百年後，他們的身體與水草融為了一體，變成堅硬無比的水草瑪瑙石，晶瑩閃亮，玉石間水草纏繞，景觀別緻，猶如天然的綠絲帶，如夢如幻。

　　後來河流乾涸，這種玉石被發現後，為了紀念他們堅定的愛情，給它起名「天絲瑪瑙」，意即如天上的絲帶般纏繞一生，不離不棄。

　　瑪瑙的歷史十分遙遠，它是人類最早利用的寶石材料之一。瑪瑙由於紋路美麗，自古就被人們飾用。中國古代常見成串的瑪瑙珠，以項飾為多。

　　如在南京北陰陽營等原始文化遺址中就有發現瑪瑙杯和瑪瑙珠。在大量的瑪瑙珠中，有一美做辟邪狀，長一點七公分。

　　此外，甘肅省永靖大何莊齊家文化遺址，山東省莒南大店春秋墓中，以及江蘇省南京象山東晉墓中等，也都相繼發現了瑪瑙珠。

　　中國瑪瑙產地分布也很廣泛，幾乎各省都有，著名產地有：雲南、黑龍江、遼寧、河北、新疆、寧夏、內蒙古等省區。

　　如山東省臨淄郎家莊一號東周墓，發現兩件春秋時期瑪瑙觿，瑪瑙呈乳白色，半透明狀。兩件器形相同，長八點五公分，寬一點五公分。體形修長，似龍狀。頭部突出一角。曲體尖尾，身體中部鑽一穿孔，以供繫佩。

　　與此兩器的質地與器形完全相同的瑪瑙觿組成六組，串法可分為兩種，其中一種由環和觿組成，與山西省太原金勝村晉卿趙氏墓所發現的相似。都是兩兩成雙，位置於骨架、腿、足旁，或膃足部位的棺椁間。

因此推測，這種佩飾在提環下可能是雙行，當與環相配，但數量的多少和連接方式似無定制。因此判斷此兩件瑪瑙觿的年代當為春秋晚期器物。

陝西省寶雞市南郊益門村有兩座春秋早期古墓，發現了瑪瑙串飾一組，由一百〇八件瑪瑙器和兩件玉器組成，堆放在一起，穿繫物腐朽，原串綴情況已不完全清楚。瑪瑙分別製成竹節形管、腰鼓形管、算珠狀和隆頂圓柱狀等。

大多為殷紅色，少數為淡紅。表面拋光，色澤自然，晶瑩光亮，個別為透明或半透明。

其中一件殷紅色瑪瑙，圓形，平底，頂呈圓錐形，自頂點塗有白色射線四條，各夾一小白色圓點，白色顏料顆粒甚細。兩件小玉器與瑪瑙出在一堆，均圓形白色，局部有瑕疵。上有鑽孔，並飾有勾連變體獸面紋、羽狀細線紋等。

戰國時期發現有珍貴的瑪瑙瑗，共有兩件，直徑分別為九點五公分和直徑六公分，器環形，紋理鮮亮，加工規整，磨製光潤。瑗面呈斜削狀，邊緣扁薄，近孔處較厚，環體內、外邊緣部分均以倒棱方式進行磨製。

中國古書有關瑪瑙的記載很多，漢代以前的史書，瑪瑙也稱「瓊玉」或「赤玉」，《廣雅》有「瑪瑙石次玉」和「玉赤首瓊」之說。

如江蘇省海州雙龍漢墓發現的漢代瑪瑙劍璏，長七公分，寬二點四公分，瑪瑙呈半透明狀，在器物表面利用自然的紅色紋理巧雕成凸起的丘狀，做工考究，色彩豔麗。

河南省洛陽還發現一件漢代的瑪瑙球，球的直徑為三點三公分，顏色茶紅，玻璃光，表面老化，有似「熟豬肝」狀的風化紋理。從老化、受沁、皮殼、做工來看，斷定應是漢代的東西。

羽觴杯是戰國至漢代的一種酒器，在陝西省發現的一件漢代瑪瑙羽觴杯，上面的穿雲螭龍紋是漢代中期的最典型的紋飾，描繪螭這種神話動物在天宮中嬉戲娛樂的場景。

魏文帝曹丕所著〈馬腦勒賦〉稱：「馬腦，玉屬也，出西域，文理交錯，有似馬腦，故其方人固以名之。」

瑪瑙既然不是從馬口中吐出來，那到底是如何形成的？晉王嘉在《拾遺記‧高辛》給出了一種怪誕的答案：

「一說：瑪瑙者，言是惡鬼之血，凝成此物。昔黃帝除蚩尤及四方群凶，並諸妖魅，填川滿谷，積血成淵，聚骨如岳。數年中，血凝如石，骨白如灰，膏流成泉。」又說「丹丘之野多鬼血，化為丹石，則瑪瑙也」。

黃帝時代所謂「瑪瑙，鬼血所化也」的記載，則給瑪瑙平添了幾分詭異的色彩。

唐人陳藏器著《本草拾遺》中說道：「赤爛紅色，有似瑪瑙。」或許正因為這種寶石狀如馬腦，所以也有胡人說瑪瑙是從馬口中吐出來的，如《本草拾遺》記載：「胡人謂馬口中吐出者。」

瑪瑙一語或許來源於佛經，《妙法蓮華經》中記載：「色如馬腦，故從彼名。」梵語本名「阿斯瑪加波」，意為「瑪瑙」，可見佛教傳入中國以後，瓊玉或赤瓊才在中國改稱「瑪瑙」。

瑪瑙是佛教七寶之一，自古以來一直被當為辟邪物、護身符使用，象徵友善的愛心和希望，有助於消除壓力、疲勞、濁氣等。

《般若經》所說的七寶即為金、銀、琉璃、珊瑚、琥珀、硨磲、瑪瑙。

組成瑪瑙的細小礦物除玉髓外，有時也見少量蛋白石或隱晶質微粒狀石英。嚴格地說，沒有帶花紋的特徵，不能稱瑪瑙，只能稱玉髓。

瑪瑙純者為白色，因含其他金屬出現灰、褐、紅、藍、綠、翠綠、粉綠、黑等色，有時幾種顏色相雜或相間出現。瑪瑙塊體有透明、半透明和不透明的，玻璃光澤至蠟狀光澤。

有關紅瑪瑙，在中國北方有一個淒美的傳說：

在中國的北方，有一條著名的河流，它就是黑龍江。江水像面大鏡子般寬闊而平坦，而那岸邊光華耀眼的瑪瑙石，就像鑲在鏡框上的寶石，隨著水波微蕩，一閃一閃的，真是美極了！

傳說很久以前，在瑪瑙石最多的岸上，有一座達斡爾族的城寨叫托爾加。城寨的首領叫多音恰布，他有個十歲的兒子阿莫力。據說這個孩子有很多奇異之處，剛生下就認識各種飛禽走獸，並且能看見江水最深處的鯉魚群，剛會走路的時候，就能跟隨大人一起去打獵捕魚。

在一個金秋裡，鄰近部落的首領巴爾達依，邀請多音恰布首領率全寨族人前去赴宴。

在臨走時，多音恰布把阿莫力叫到跟前說：「阿莫力，你留下吧，城寨裡有你一個，大家就放心了。」

阿莫力像只撒歡的小鹿，跳著跑著，在沙灘上拾著最亮最圓的瑪瑙石。拾呀，拾呀，阿莫力明亮的大眼睛突然被一道金光閃了一下，他立即向金光奔去。

阿莫力來到水邊，一頭栽到水底。過了一會兒，就舉著一枚比金子還亮、比天鵝卵還圓的瑪瑙石上來了。

阿莫力捧著金色的瑪瑙把玩，異常雀躍。到了太陽落山的時候，他開始睏了，便躺在比毯子還軟、比毛褥還暖的草地上香甜地睡著了，金色的瑪瑙就躺在他的胸脯上，放著迷人的金光。

突然，一片黑雲飄來，從山岬背後悄悄竄出幾艘大帆船。這時，阿莫力醒了，他嚇了一跳：這是些什麼人呢？黃頭髮，藍眼睛，高鼻子，還有那蓬亂的鬍子，手上都握著一桿帶鐵筒的器具……

於是阿莫力學著達斡爾族的老規矩，上前熱情地說道：「尊貴的客人，你們是從哪兒來呀？」

在這群人中，有個穿袍子的「大鬍子」說道：「我們是世界各邦之主、偉大沙皇陛下的忠實臣民，是來保護你們的。」

「保護？哈哈……」阿莫力開心地笑了。笑過後，他說：「謝謝你們沙皇的好意。告訴他，我們達斡爾人從來不需要外來人的保護！」

「大鬍子」貪婪地瞅著阿莫力手裡的金瑪瑙，擠了擠眼睛說：「咱們交換吧，我們也有自己的寶物，瞧啊！」他讓屬下打開了艙門。

阿莫力用眼睛一掃，那哪是什麼寶物，明明是些塗了野豬血的碎石塊，阿莫力只是搖了搖頭，並沒有開口。

「大鬍子」說：「小王子，你可願意讓我摸摸你的寶石嗎？」

阿莫力一想，既然是要摸摸，又不是拿走，就不妨讓他摸摸，於是他把瑪瑙遞給了大鬍子。

「大鬍子」手顫抖著接過瑪瑙，連看都沒看就把它放到懷裡。

阿莫力生氣了，他一頭向「大鬍子」撞去。

「大鬍子」冷不防被頂了個大跟斗，金色的瑪瑙從他身上掉下來，阿莫力趕緊拾起，就向遠處祖先留下的烽火台跑去。

「抓住他！掐死他！」

隨著「大鬍子」的吼叫聲，強盜們撲了過去。

阿莫力奔到烽火台，迅速解下弓，「嗖」的一聲，向遠處射了一支響箭。這時，強盜已把烽火台圍住了……

多音恰布正在巴爾達依舉行的酒宴上興致勃勃地飲酒，突然一支響箭就落在面前鋪的大獸皮上，人們立刻把酒碗和肉都擱下：家裡肯定出意外了。

在多音恰布的率領下，幾十匹快馬奔向了托爾加城寨。但是一切都晚了，人們看到烽火台上騰起了濃煙烈火，在火光的照映下，一群人有的正拉牛趕羊，有的正從庫房裡扛出成捆的黑貂皮……

經過一場短暫而激烈的戰鬥，留下了幾具強盜屍體，而倖存的人上船逃走了。

人們到處尋找阿莫力，可是直至夜幕降臨、火光熄滅，還是不見阿莫力的蹤影。多音恰布和全寨人都沒有放棄，他們繼續尋找。

找著找著，突然在坍塌的烽火台上，射出了一道紅光，紅光越來越亮，把整個江面、城寨和天空都映紅了。人們立刻向烽火台衝去，在一堆玉石般的白骨上，發現一枚沾滿血跡的瑪瑙。

多音恰布捧起沾著血的瑪瑙，含著眼淚說：「這上面的血要是我兒子的，就一定能和我的血融在一起。」說著，他咬破了手指，把鮮血滴在瑪瑙上，他的血很快就與原來的血融在一起。

多音恰布捧著瑪瑙，滿腔仇恨地說：「你要是有我兒子的靈魂，就一定能照出披著人皮的妖魔。」

話音剛落，只見瑪瑙裡映出了一棵樹，樹上躲著一個小小的魔影。多音恰布立刻率族人朝一棵大樹奔去，當獵人把箭射向濃密的樹葉時，一個滿臉汗血的人從樹上掉下來，正是強盜首領。

多音恰布立即拔劍將他刺殺了，在他的胃腸裡還發現了很多人的頭髮和牙齒……

在由阿莫力鮮血染紅的瑪瑙石幫助下，達斡爾人終於打敗了那些妖魔，紅瑪瑙從此得名。

最著名的瑪瑙器物，為陝西省西安市南郊何家村的唐代窖藏中，發現的獸首瑪瑙杯，通高六點五公分，長十五點六公分，口徑五點九公分。

醬紅纏橙黃，夾乳白色的瑪瑙製作，上口近圓形，下部為獸首形，獸頭圓瞪著大眼，目視前方，似乎在尋找和窺探著什麼，獸頭上有兩隻彎曲的羚羊角，而面部卻似牛，但看上去安詳典雅，並無造作感。

獸首的口鼻部有類似籠嘴狀的金冒，能夠卸下，內部有流，突出了獸首的色彩和造型美。此杯琢工精細，通體呈玻璃光澤，晶瑩瑰麗。

這件瑪瑙杯是用一塊罕見的五彩纏絲瑪瑙雕刻而成，造型寫實、生動。獸嘴處鑲金，有畫龍點睛的效果，其實這是酒杯的塞子，取下塞子，酒可以從這兒流出。

頭上的一對羚羊角呈螺旋狀彎曲與杯身連接，在杯口下沿又恰到好處地裝飾有兩條圓凸弦，線條流暢自然。

這件酒杯材料罕見珍貴，工匠又巧妙利用材料的自然紋理與形狀雕刻，「依色取巧，隨形變化」，是唐代唯一的俏色雕，其選材、設計和工藝都極其完美，是唐代玉器做工最精湛的一件。

李時珍《本草綱目》中說：瑪瑙依其花紋的粗細和形態，分有許多品種。紋帶呈「縞」狀者稱「縞瑪瑙」，其中有紅色紋帶者最珍貴，稱為「紅縞瑪瑙」。

此外尚有「帶狀瑪瑙」、「城砦瑪瑙」、「曇瑪瑙」、「苔蘚瑪瑙」、「錦紅瑪瑙」、「合子瑪瑙」、「醬斑瑪瑙」、「柏枝瑪瑙」、「曲蟮瑪瑙」、「水膽瑪瑙」等品種。

在沒有紋帶花紋的「玉髓」中，也有不少是玉石原料，根據顏色的不同，有「紅玉髓」、「綠玉髓」、「蔥綠玉髓」、「血玉髓」和「碧玉」等。

如明代瑪瑙單螭耳杯，高六點八公分，口徑九公分。杯為花瑪瑙質地，灰白色瑪瑙中有黃褐色斑紋。器為不規則圓形，一側凸雕一螭龍為杯柄，螭的雙前肢及嘴均搭於杯的口沿上，下肢及尾部與器外壁淺浮雕的桃花枝葉相互纏繞並形成器足。底部琢陰線「乾隆年製」四字隸書款。此瑪瑙杯的形製為明代的制式，雕琢技法為明代琢玉技法，款識應為清乾隆年間後刻。

清代前期，雍正勤政喜讀，製作了三方隨身瑪瑙璽：

清代雍正瑪瑙「抑齋」璽，龜紐長方形璽，篆書「抑齋」。面寬一點三公分，長一點六公分，通高一點六公分，紐高〇點九公分。

清代雍正瑪瑙「菑畬經訓」璽，螭紐方形璽，篆書「菑畬經訓」。面一點八公分見方，通高一點六公分，紐高〇點九公分

清代雍正瑪瑙「半榻琴書」璽，螭紐方形璽，篆書「半榻琴書」。面一點七公分見方，通高一點七公分，紐高一點二公分。

【閱讀連結】

世界上瑪瑙著名產地有：中國、印度、巴西、美國、埃及、澳大利亞、墨西哥等國。

由於古代有瑪瑙能使人隱身的傳說，使瑪瑙幾千年來備受人們的推崇愛戴，又因為瑪瑙美麗的外表和堅韌的質地，人們把它作成裝飾品和實用品。

瑪瑙具有治療失眠、甜夢沉寢、避禍除邪、健體強身、延年益壽之功效，人們對此深信不疑。

據說身上經常發熱，包括手汗、手熱者，能以長期接觸瑪瑙改善症狀；個性孤傲、冷僻、不合群卻又孤芳自賞、攬鏡自憐者，最適宜佩帶水草瑪瑙，激發其熱情。

靈光躍動──貓眼石

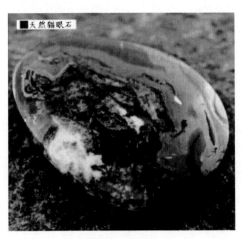

■天然貓眼石

貓眼石又稱「貓兒眼」、「貓睛」、「貓精」，或稱東方貓眼，是珠寶中稀有而名貴的品種。由於貓眼石表現出的光現象與貓的眼睛一樣，靈活明亮，能夠隨著光線的強弱而變化，因此而得名，常被人們稱為「高貴的寶石」。

傳說古代一座名叫白胡山的山中，居住著一位喜歡養貓的老人，老人與一隻老貓相依為命；貓死後，老人很傷心。後來，貓託夢給老人，說牠的眼睛很有用處，請老人挖開自己的埋葬地。

老人從埋葬地挖掘出貓，只見貓的眼睛堅硬如珠，中間還有一條亮帶，很是美麗。於是老人將一隻貓眼埋入了白胡山中；另外一隻，老人吃了之後因此成仙，此山後來以產貓眼石著名。

和其他寶石一樣，貓眼石越大越難得，因而重量仍是評價貓眼石的基本要素之一；但影響貓眼石最重要的是顏色、眼線的情況和均勻程度等。

貓眼石的最佳顏色是濃郁的淡黃綠色、棕黃色和蜜黃色，其次是綠色，再次是略深的棕色。很白的黃色和很白的綠色，價值就更低，最差的是雜色和灰色。

最好的貓眼石眼線應該較為狹窄，界線清晰，並顯活光，並且要位於寶石的正中央。關於眼線的顏色，有人喜歡銀白的顏色，有人則偏愛金黃色，而綠色和藍白色的線較為受冷落。

體色呈不透明的灰色者，常常有藍色或藍灰色的眼線；不過無論什麼顏色，重要的是眼線必須與背景形成對照，要乾淨俐落。眼要能張很大，越大越好，合起來時就要銳利。

關於貓眼石，還有一個更加淒絕的故事：

很久以前，山裡住著一隻狸貓，過著自在的生活。有一天，貓公主在眾星捧月下出外遊玩，與狸貓一見鍾情。

貓國王宣稱要把貓公主嫁到外國，狸貓苦苦哀求國王收回成命，貓國王卻狠狠地說：「如果你能在三天內給貓公主一枚貓眼石，我就把她嫁給你！」

狸貓聽後，馬上動身去找貓巫婆，走了一天一夜，在森林深處一棵巨大的老樹上找到貓巫婆的家。

貓巫婆聽了狸貓的請求，奸笑著用陰森的聲音說：「喝了我配置的藥水，你的眼睛就會變成貓眼石，而我會挖出你的雙眼，成為兩枚舉世無雙、價值連城的寶石。但這個過程中你要忍受巨大的痛楚，你還得答應留下一枚作為我的酬勞。在挖出你的雙眼後，我會給你的眼睛安上兩枚普通的石子，它會給你九天光明，而後你將成為瞎子，虛弱不堪，也不會再有九條命。」

三天以後，狸貓拿了一枚貓眼石獻給國王，貓國王從來沒見過這麼精美的石頭，惡狠狠地說：「你這麼貧窮，哪裡來這麼名貴的寶石？」

他命令手下打斷狸貓的腿，扔了出去。

貓公主拿著那枚精美的貓眼石嫁到外國，晚上她轉動寶石，在月光下狸貓的眼睛非常的明亮，一睜一閉，如同過去一樣痴痴地看著她。而貓公主只能每夜拿著那枚貓眼石，在有月亮的晚上蹲在屋簷上，呼喚有情人的名字……

因此古代相傳，天下的貓眼石，都是痴情貓的眼睛變化而來，有一顆真誠的心，只要有情人得到它，就會睜開轉動的眼睛，一睜一閉，向你訴說古老的愛情。

中國古代將貓眼石稱為「獅負」，關於「獅負」這一稱謂，有這樣一段來歷：

大約在元代，中國人認為貓眼石與貓有關，但不能科學地認識「貓眼效應」，而認為與貓兒死後埋於深山，化為貓睛有關。

對此，元代伊世珍的《瑯嬛記》中有詳細的記載：埋在深山裡的貓化為兩隻貓睛之後，如果被吞食，就會產生神力，一頭像獅子一樣的貓就會背起吞食貓睛者，騰空而去，所以這裡的「貓睛」又稱為「獅負」。

《瑯嬛記》中說：「仙女上玄宗獅負兩枚，藏於牡丹鈿盒中以驗時……」表明唐玄宗李隆基並不滿足只當皇帝，還想做神仙，而且仙女獻給唐玄宗兩枚「獅負」，即貓眼石。

自唐至清，中國史書上屢有「貓眼」記述。張邦基的《墨莊漫錄》，記載宋徽宗宣和年間「外夷貢方物，有石圓如龍眼，色若綠葡萄，號貓兒眼。」

元代貓眼石見於陶宗儀《輟耕錄》的「走水石似貓眼而無光」，並說貓眼石以其罕見的絲狀光澤和銳利的「眼」，瑩潤中透著智慧和無窮的靈性，被歷代皇室寵愛，古有「禮冠須貓眼」之說。

至明代記載漸多，《明史·食貨記》載貓兒眼、祖母綠、金綠寶石，嘉靖皇帝無所不購。

如明朝萬曆皇帝朱翊鈞在北京昌平縣的定陵，其中有一枚非常漂亮碩大的貓眼石，直徑達一點五吋，雕琢成祭壇的形狀，頂部有一隻火把。

清康熙年間所著的《坤輿圖說》記載：「印第亞之南有一南島，江河生貓眼、昔泥紅等。」

為了充分地利用原石，加工工匠常常把貓眼石的底留得很厚，以致難以合理鑲嵌。

　　原本目的是為了增加重量、多賣錢，結果適得其反。不勻稱嚴重影響貓眼的美觀，無人開高價。正確的做法是在寶石的腰線以下，保留適當的厚度，並磨成小弧面即可。保持較低的角度，才有利於使寶石牢固地鑲在托上。

　　據記載，清康熙年間皇宮共有三枚貓眼石，康熙把其中一枚給次女，有如下因素：

　　其一，次女從小聰明伶俐，對父母體貼入微，當康熙得病時她照看次數最多、看守時間最長，而且看護得十分得體，深得父皇的疼愛；其二，康熙對長得漂亮又知書達理三女兒的出嫁感到不捨，於是把珍愛的貓眼石送給了愛女。

　　於是，康熙如花似玉、十九歲的愛女固倫榮憲公主，在數百位官員和兩百四十戶陪房的簇擁下，於公元一六九一年六月渡過西拉沐淪河，下嫁給巴林右旗扎薩克烏爾袞郡王。

　　固倫榮憲公主對父皇給她的那顆貓眼石愛不釋手，五十六歲臨終時，這顆貓眼石也成為她的陪葬。

　　清東陵的乾隆墓中，發現大量隨葬珍寶，其中有幾枚貓眼石，可見乾隆皇帝對貓眼石之珍愛。

　　另外，清宮珍寶館裡的金塔頂上，也鑲嵌有貓眼石，隨著觀看角度的不同，貓眼閃爍著神祕的光芒。

【閱讀連結】

　　其實，「貓眼」並不是寶石的名稱，而是某些寶石上呈現的一種光學現象，即磨成半球形的寶石用強光照射時，表面會出現一條細窄明亮的反光，叫做「貓眼閃光」或「貓眼活光」，再根據寶石的種類命名。

　　如果寶石是石英，則叫「石英貓眼」，如果是金綠寶石，則叫「金綠貓眼」。

　　可能具有貓眼閃光的寶石種類很多，據統計可能多達三十種，市場上較常見的除石英貓眼和金綠貓眼外，還有「輝石貓眼」、「海藍寶石貓眼」等。

　　由於金綠貓眼最為著名也最珍貴，習慣上也簡稱為「貓眼」，其他貓眼則不可這樣稱呼。

天然結晶 有機寶石

中國的珍珠、珊瑚、琥珀文化源遠流長，而珍珠象徵著富有、美滿、幸福和高貴。

在古代，珍珠代表地位、權力、金錢和尊貴的身分，平民以珍珠象徵幸福、平安和吉祥。

珊瑚是佛教七寶之一，人們相信紅珊瑚是如來佛的象徵，中國在公元初就有紅珊瑚記載，古代的王公大臣上朝穿戴的帽頂和朝珠也用珊瑚做成。

琥珀是中國人民喜愛的寶石之一，古代將其作為珍貴的珠寶裝飾品，在戰國墓葬中就出土有琥珀珠，以後各朝各代琥珀製品又不斷增多。

西施化身──珍珠

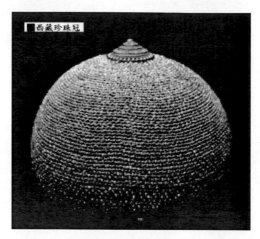

■西藏珍珠冠

早在遠古時期，原始人類在海邊覓食時，就發現了具有彩色光暈的潔白珍珠，被它的晶瑩瑰麗所吸引，從那時起珍珠就成了人們喜愛的飾物。珍珠被人類利用已有數千年的歷史，而傳說中，珍珠是由人魚公主的淚水所化成：

傳說白龍村有個青年叫四海，英武神勇。一天，四海下海採珠，忽然狂風大作，他只得棄船跳海。在冰冷的深海裡，四海遇到了海怪的侵襲，靠著一身膽量和不凡的身手，四海打跑了海怪，但因體力耗盡，便昏迷在洶湧的海水中。

等到四海醒來時，他發現自己躺在龍宮的一張水晶床上，美麗的人魚公主正溫存地替他療傷，人魚公主敬佩他的勇毅，故此拯救。

四海在公主無微不至的照顧下，傷勢很快痊癒。公主天天伴著四海，寸步不離，食必珍饈，衣必鮮潔。公主不說何時送客，四海也不提何時離去。

相處既久，愛意漸濃，公主願隨四海降落凡間，成為一對戀人，同回白龍村。鄉親們既慶幸四海大難不死，更豔羨他娶到美麗的妻子，便熱烈地慶賀了一番。

　　而公主入鄉隨俗，盡棄奢華，素衣粗食，操持家務井然有序，手織綃帛質柔色豔，遠近聞名。

　　白龍村有一惡霸，對公主的美豔垂涎三尺，他想方設法勾結官府，以莫須有的罪名加害四海，強奪公主。

　　四海奮力想掙脫，但鐵骨錚錚的男兒，最後仍慘死在惡霸的棍棒下。

　　公主眼睜睜看著夫君死去，失望於人間黑暗，施法逃回龍宮。為悼念丈夫，公主每年在明月波平之夜，都在島礁上面向白龍村痛哭，眼淚串串掉入海中，被珠貝們接住，孕育成晶亮的珍珠。

　　不僅如此，傳說更把珍珠與西施聯繫起來，說珍珠是西施的化身：

　　嫦娥曾有一顆閃閃發光的大明珠，常常捧在掌中把玩，平時則命五彩金雞日夜守護，唯恐丟失。金雞早有把玩明珠的慾望，便趁嫦娥不備，偷偷玩賞，將明珠拋上拋下，一不小心讓明珠滾落，直墜人間。金雞大驚失色，向人間追去。

　　嫦娥得知此事後，急命玉兔追趕金雞，玉兔穿過九天雲彩，直追至浙江諸暨浦陽江上空。

　　這一天，浦陽江邊一農家婦女正在浣紗，忽見水中有顆光彩耀眼的明珠，忙伸手去撈，明珠卻徑直飛入她口中，鑽進腹內，女子因此有了身孕。

　　十六個月過去了，女子覺得腹痛難忍，但就是不能分娩，急得她的丈夫跪地禱告上蒼。

　　只見五彩金雞從天而降，停在屋頂，頓時屋內珠光萬丈，只聽「哇」的一聲，女子生下一個美麗的女孩，取名為「西施」，故有「嘗母浴帛於溪，明珠射體而孕」之說。

　　美麗的西施曾經住在山下湖的白塔湖畔。

　　一天，一位衣衫襤褸的白鬍子老爺爺路過西施家門口，西施看老爺爺饑寒交迫的樣子，連忙把他請進屋裡，給他端茶上飯，並替他洗淨全身。

　　白鬍子老爺爺看西施這麼熱情的招待自己，激動地說：「姑娘，妳可真是個大好人，我一定會好好報答妳的。」

　　兩個月的一天夜裡，西施剛睡下不久，忽然一道金光，白鬍子老爺爺就出現在西施面前。

　　白鬍子老爺爺說：「我的好孩子，不用怕，我就是被你相救的老爺爺，為了報答妳的恩情，今天我特意帶上了一些珠寶，請你收下吧！」

　　西施看著這些美麗的珍珠，顆顆閃耀著璀璨的光芒，可她想：救人做好事是應該的，怎麼能收下這麼貴重的東西呢？要是能從老爺爺那裡得到養蚌育珠的技術，那該多好啊！我們的百姓將會過上富裕的生活。

　　於是她對老爺爺說：「爺爺，我不能收下你這麼貴重的禮物，如果你真想表示謝意，那麼請你把養蚌育珠的技術傳授給我吧。」

　　老爺爺聽了猶豫了一下說：「那好吧，如果你能回答出這個問題，我就把養蚌技術傳授給你，你聽著：我有一個金碗，我把金碗裡四分之一的珍珠給我的兒子後，又從碗裡拿兩顆給女兒，碗裡還剩下十九顆珍珠。你來告訴我，這個金碗裡原本有多少顆珍珠？」

　　聽了老爺爺的難題，西施想了想，然後拿著樹枝在地上算了起來；一會兒工夫，她站起來說：「爺爺你聽著，碗裡原來有珍珠二十八顆。」

　　白鬍子老爺爺聽了西施的解答，驚愕而又欽佩地說：「美麗的西施姑娘，你果真是名不虛傳，不但心地善良，而且天資聰穎，我一定會實現我的諾言。」

　　於是老爺爺就把養蚌育珠的本領傳授給西施。西施憑著自己的勤勞和智慧，很快就學會了本領。他還把這個育珠本領傳授給當地的老百姓，讓老百姓養蚌育珠，致富發家，珍珠在傳說中始終與美聯繫在一起。

　　歷代帝王都崇尚珍珠，早在四千多年前，珍珠就被列為貢品。相傳黃帝時已發現產珍珠的黑蚌，《尚書大傳》中記載夏禹定各地的貢品：「東海，魚須、魚目。南海，魚革、珠璣、大貝。」商朝也有類似的文字記載。

在西周時期，周文王就用珍珠裝飾髮髻，是已知最早文字記載的頭飾。

春秋戰國時期，便用珍珠作為飾品，還出現了以販賣珍珠為業的商人。據考證，漢代的海南盛產珍珠，有「珍珠崖郡」之說，並開始開發廣西合浦的珍珠，並有真朱、蚌珠、珠子、濂珠等稱呼。

從此，中國的天然淡水珍珠主要產於海南諸島。珍珠有白色系、紅色系、黃色系、深色系和雜色系五種，多數不透明。珍珠的形態以正圓為最好，古人把天然正圓的珍珠稱為「走盤珠」。

珍珠的形狀多種多樣，有圓形、梨形、蛋形、淚滴形、鈕扣形和任意形，其中以圓形為佳。珍珠非均質體，顏色有白色、粉紅色、淡黃色、淡綠色、淡藍色、褐色、淡紫色、黑色等，以白色為主，白色具典型的珍珠光澤，光澤柔和且帶有虹暈色彩。

《海藥本草》稱珍珠為「真珠」，意指珠質至純至真的藥效功用；《爾雅》把珠與玉並譽為「西方之美者」；《莊子》有「千金之珠」的說法。

在中國燦爛輝煌的歷史上，有兩件齊名天下、為歷代帝王必爭的寶物，就是和氏之璧與隨侯之珠。《韓非子》中關於兩件寶物有詳盡的記載：「和氏之璧，不飾以五彩；隨侯之珠，不飾以銀黃，其質其美，物不足以飾。」

《韓非子·外儲說左上》中，還記載了一個「買櫝還珠」的故事：

楚國有個珠寶商人，到鄭國去賣珍珠。他用木蘭香木為珠寶製作了一隻盒子，用桂和椒調製的香料薰盒子，用珠玉點綴它，用玫瑰寶石裝飾，用翡翠裝飾邊沿，有個鄭國人買了盒子，卻把盒裡的珍珠還給了楚國人。

「買櫝還珠」喻捨本逐末，取捨不當。

《呂氏春秋·貴生》則用「隨珠彈雀」比喻大材小用的道理：「今有人以隨侯之珠彈千仞之雀，是何也？」

每一種美好的事物，都伴隨著一個動人的故事，和氏之璧與隨侯之珠也不例外。關於和氏璧的典故，人們或許已耳熟能詳；而有關隨侯之珠的美麗傳說，則知之甚少：

那是戰國的一個秋天，隨侯例行出巡封地，一路遊山玩水。這天行至渣水地方，隨侯突然發現山坡上有一條巨蛇，被人攔腰斬了一刀。由於傷勢嚴重，巨蛇已經奄奄一息了，眼睛卻依然神采奕奕。

隨侯見此蛇巨大非凡而且充滿靈性，遂動了惻隱之心，立即命令隨從為其敷藥治傷。不一會兒，巨蛇恢復了體力，它蠕動著巨大靈活的身體，繞隨侯的馬車三圈，徑直向蒼茫的山林逶迤遠去。

幾個月過去了，隨侯出巡歸來，遇一黃毛小兒攔住馬車，從囊中取出一顆碩大晶亮的珍珠，要敬獻給隨侯。隨侯探問緣由，少兒卻不肯說。隨侯卻以為無功不可受祿，堅持不肯收下這份厚禮。

第二年秋天，隨侯再次巡行至渣水地界，中午在一山間驛站小憩。睡夢中，隱約走來一個黃毛少兒，跪倒在他面前，稱自己便是去年獲救那條巨蛇的化身，為感謝隨侯的救命之恩，特意前來獻珠。

隨侯猛然驚醒，果然發現床頭多了一枚珍珠。這枚碩大的珍珠似乎剛剛出水，特別潔白圓潤、光彩奪目，近觀如晶瑩之燭，遠望如海上明月，一看便知是枚寶珠。隨侯感嘆說：一條蛇尚且知道遇恩圖報，有些人受惠卻不懂報答。

據說隨侯得到寶珠的消息傳出後，立即引起了各國諸侯的垂涎，經過一番較量後，隨珠落入楚武王之手。

後來，秦國滅掉楚國，隨珠又被秦始皇占有，並被視為秦國的國寶；秦滅亡後，隨珠從此不知所終。日昇月落，大江東去，一度光彩照人的隨侯之珠已湮沒在滾滾的歷史煙塵，只有這個充滿人文關懷的美麗傳說，依然隱約閃現在茫茫史河，帶給後人溫暖與警示。

秦昭王把珠與玉並列為「器飾寶藏」之首，可見珍珠在古代便是連城之價。

自秦朝起，珍珠已成為達官貴人的奢侈品，皇帝開始接受獻珠，冠冕袞服上的寶珠，后妃簪珥的垂瑞，都是權威至上、尊貴無比的象徵。

　　秦始皇統一天下後，就在驪山為自己營造陵墓，他在墓中用珍珠嵌成日月星辰，用水銀造成江河湖海。

　　漢武帝建光明殿時，「皆金玉珠璣為簾箔，處處明月珠，金陛玉階，晝夜光明。」

　　用珍珠飾鞋，可見於西漢司馬遷的《史記》：「春申君客三千人，其上客皆躡珠履」；《戰國策》也記載：「春申君上客三千，皆躡珠履。」另外，《晏子春秋》記載：「景公為履，黃金之綦，飾以銀，連以珠。」

　　東漢桂陽太守文礱向漢順帝「獻珠求媚」，西漢的皇族諸侯也廣泛使用珍珠，珍珠成為尊貴的象徵。

　　漢武帝的臣子董偃在幼年時，即與其母以販賣珍珠為業，十三歲時入漢武帝姑陶公主之家，後因能掌識珍珠而被漢武帝重用。

　　佛教傳入中國之後，據《法華經》、《阿彌陀經》等記載，珍珠更成為「佛家七寶」之一。

　　在南北朝時期，中國就已經成功培育出了「蚌佛」，即將小菩薩、壽星等佛像置於貝的殼與外套膜之間，經過一段時間，佛像的表面便覆蓋了珍珠層，這是最早的養珠技術。

　　發生在一千八百多年前南海之濱的「合浦珠還」，便是其中最精彩的一幕：

　　據說古代合浦地區「海出珠寶」，卻「不產谷實」，居民不懂得耕作技術，全依靠入海採珠易米。後因地方官貪汙盤剝，生靈塗炭，餓殍遍野，海裡有靈性的珠蚌也「憤而跑」到交趾去了。

　　東漢順帝遂派孟嘗任合浦郡太守，針對前任弊政進行全面改革，使地方社會經濟恢復正常，珠蚌又從交趾返還合浦，這就是膾炙人口的「合浦珠還」。

　　《漢書·霍光金日磾傳》記載：「太后被珠襦盛服，坐武帳中。」珠襦就是用珍珠綴成的短襦，是當時貴人的穿著；而皇帝的朝服，更是鑲滿珍珠。

　　三國之初，曹操占據江北，劉備稱帝於蜀，孫權穩坐江東，三足成鼎立之勢。當時生產淡水珍珠的吳越一帶，和採捕海水珍珠的南海等地，均為東吳屬地。

　　孫權深知魏蜀都垂涎東吳的珍珠，即位之初，便下令嚴加保護：「今天下未定，民物勞瘁，而且有功者未錄，饑寒者未恤……禁進獻御，誠官膳……慮百姓私散好珠。」

　　孫權不但要求王室禁用珍珠，還嚴禁民間的珍珠採捕和交易，這為孫權的珍珠外交提供了可能。

　　權衡天下形勢，孫權很快確立「深絕蜀而專事魏」的權宜之計，遠交近攻，討好曹魏，對付蜀漢。於是，當曹丕使臣前來索取藿頭香、大具、珍珠等東吳特產時，孫權力排眾議：「方有事西北，彼所要求者，於我瓦石耳，孤何惜焉！」滿足對方所有的要求。

　　其後，曹魏又遣使南下，與東吳洽談以北方戰馬換取南方珍珠事宜，孫權更是求之不得：「皆孤所不用，何苦不聽其交易。」從此，魏吳貿易日盛。珍珠外交，為東吳贏得了難得的和平發展機遇。

　　《晉書》中記載：「符堅自平諸國之後，國內殷實，逐示人以侈，懸珠簾於正殿，以朝群臣。」以珍珠簾顯示皇家氣派。

　　隋朝時，宮人戴一種名叫「通天葉」的帽子，上面插著琵琶鈿，垂著珍珠。古詩裡「昨日官家清宴裡，御羅清帽插珠花」，指的就是這樣的帽子。

　　唐代白居易也在〈長恨歌〉裡寫道：「花鈿委地無人收，翠翹金雀玉搔頭。」

　　公元六四〇年，藏族祖先吐蕃人的傑出首領松贊干布，令大相祿東贊帶著五千兩黃金、數百珍寶前往長安求婚，唐太宗答應將文成公主許配給松贊干布。

　　不過，傳說李世民許嫁之前曾「五難」婚使，其中一難便是要祿東贊將絲線穿過九曲珍珠。結果，這也未難倒聰明的祿東贊，他把蜂蜜塗在引線上，用螞蟻牽引絲線穿過珍珠，便順利過了這一關。

　　《古今圖書集成》所收《東坡集注》中曾有記載：「有人得九曲寶珠，穿之不得，孔子教以塗脂於線，使蟻返之。」兩事相隔千年，只能說博古通今的祿東贊乃飽學之士，松贊干布遣使祿東贊，可謂慧眼識珠。

　　唐代詩人李商隱〈錦瑟〉一詩中的「滄海月明珠有淚，藍田日暖玉生煙」是吟詠珍珠的名句；白居易更用「大珠小珠落玉盤」形容琵琶女演奏技藝之高超。

　　李白在〈寄韋南陵冰〉一詩中也寫道「堂上三千珠履客，甕中百斛金陵春」，描述當時用珍珠裝飾鞋子。

　　珍珠是佛門的法器之一，它同金、銀、珊瑚、瑪瑙、琥珀、琉璃被稱為「佛之七寶」。七寶阿育王塔，大體上是以七寶做成的「微型寶塔」，放置供奉的舍利。

　　而七寶更被用來供奉菩薩，每當有重大的水陸法會時，寺廟要建起七寶池、八功德水表示虔誠。如南京大報恩寺七寶鎏金阿育王塔，體形碩大的寶塔金光閃閃，周身鑲嵌珍珠寶石，塔上遍布佛教故事浮雕，寶塔內瘞藏的就是佛教界的最高聖物「佛頂真骨」。

　　七寶阿育王塔塔身圖案塔座、塔身和山花蕉葉上，每隔幾公分就鑲嵌珍珠等各種珠寶，晶瑩剔透，其中僅珍珠就有上百顆。

　　宋代已發明人工養殖珍珠，並將養珠法傳到了日本；宋代對珍珠也有創舉，如在江蘇省蘇州發現的北宋珍珠舍利寶幢，高達一點二二公尺，其中的珍珠多達三點二萬顆。

　　珍珠舍利寶幢，是用珍珠等七寶連綴起來，一個存放舍利的容器。寶幢發現之初被放置於兩層木函之中，主體部分由楠木製成，自下而上共分為三個部分：須彌座、佛宮以及塔剎。

波濤洶湧的海浪中托起一根海湧柱，上面即為須彌山。一條銀絲鎏金串珠九頭龍盤繞於海湧柱，傳說是龍王的象徵，掌管人間的旱和澇。

護法天神中間所護衛的，即為寶幢的主體部分佛宮。佛宮中心為碧地金書八角形經幢，經幢中空，內置兩張雕版印大隨求陀羅尼經咒，以及一隻淺青色葫蘆形小瓶，瓶內供奉九顆舍利子。

華蓋上方即為塔剎部分，以銀絲編織而成的八條空心小龍為脊，做昂首俯衝狀，代表著八大龍王。

塔剎頂部有一顆大水晶球，四周飾有銀絲火焰光環，寓意為「佛光普照」。至此整座寶幢被裝扮得璀璨奪目，令人流連忘返。

珍珠舍利寶幢造型之優美、選材之名貴、工藝之精巧都是舉世罕見。製作者根據佛教中所說的世間「七寶」，選取名貴的水晶、瑪瑙、琥珀、珍珠、檀香木、金、銀等材料，運用了玉石雕刻、金銀絲編製、金銀皮雕刻、檀香木雕、水晶雕、漆雕、描金、穿珠、古彩繪等十多種特種工藝技法精心製作，可謂巧奪天工，精美絕世。

整個珍珠舍利寶幢用於裝飾的珍珠差不多有四萬顆；塔上十七尊檀香木雕的神像更見功力，每尊佛像高不足十公分，雕刻難度極大；然而，天王的威嚴神態，天女的婀娜多姿，力士的嗔怒神情，佛祖的靜穆莊嚴，均被雕刻得出神入化。

從珍珠舍利寶幢身上，人們可見五代、北宋時期蘇州工藝美術的繁榮和精美，同時也可見五代、北宋時期吳人高度的審美水準和豐富的文化內涵。

至明弘治年間，中國珍珠最高年產量約二點八萬兩，除供皇室及達官、富豪享用外，也曾進入國際市場。珍珠主要是官採官用，而對老百姓的採珠、用珠限制甚嚴。

明代十三陵是明代十三個帝后的墳墓，其中定陵是明神宗的陵墓，定陵中發現了四頂皇后戴的龍鳳冠，用黃金、翡翠、珍珠和寶石編織而成，其中一頂鑲嵌著三千五百顆珍珠和各色寶石一百九十五枚。

鳳冠正面綴有四朵牡丹花，以珍珠寶石配成，左、右各有一鳳凰，鳳羽用翠鳥羽毛製成。

冠頂用翠羽做成一片片雲彩，雲上飾三條金龍，用金絲掐成。中間的金龍口銜一珠，碩大晶瑩，世間少見。左、右兩龍口銜珠串，狀若滴涎，名稱「珠滴」。

珠滴長可垂肩，間飾六角珠花，名稱「華勝」。冠口飾有珍珠寶鈿花一圈，名稱「翠口圈」。口沿又飾有托裡的金口圈。冠後附有翅狀飾，名稱「博鬢」，每側三條，又稱「三博鬢」。

清承明制，官府繼續控制珍珠的開發和使用，並以高價收購。清代皇后的夏朝冠、后妃頭上的鈿口、面簪、帽罩、頭簪等首飾，上面都有珍珠。

劉鑾在《五石瓠》中說道：「明朝皇后一珠冠，費資六十萬金，珠之大者每枚金八分。」

珍珠頭飾一直是後宮佳麗、公子王孫的最愛。

用珍珠裝飾服裝的典型，是乾隆的龍袍。龍袍在石青色的緞面上有五彩刺繡，爾後用米珠、珊瑚串成龍、蝠、鶴等花紋，極其華貴；又例如清代掐絲銀鎏金珍珠蜜蠟簪，此簪包括米珠在內都是純天然野生的南海珍珠，呈現美麗的藕粉色。在一顆直徑不足一公分，比小米還小的珠子上要打眼、穿線、組合，在當時也確是鬼斧神工了！

而據《大清會典》記載：皇帝的朝冠上有二十二顆大東珠，皇帝、皇后、皇太后、皇貴妃及妃嬪以至文官五品、武官四品以上官員皆可穿朝服、戴朝珠，而只有皇帝、皇后、皇太后才能佩戴東珠朝珠。

東珠朝珠由一百○八顆東珠串成，體現封建社會最高統治者的尊貴形象。皇帝的禮服，上面掛著數串垂在胸前的裝飾朝珠，每掛用珠一百○八顆。按照當時的規制，皇子和其他貴族官員在穿著朝服和吉服時，也掛珍珠，但不能用東珠。

公元一六二八年，有一顆採於波斯灣海域特大珍珠，長十公分，寬六至七公分，重一百二十一克。在其被發現的一世紀後，送給了乾隆皇帝；公元一七九九年乾隆駕崩後，此珍珠作為陪葬品被埋入地下；而公元一九〇〇年乾隆墓被盜後，此珍珠即下落不明。

中國歷代皇室使用珍珠最多者，還是要推清朝末年的慈禧太后。據說，在她的一件壽袍上，共繡有數十個壽字，每個壽字中綴著一顆巨型珍珠，遠近觀之，都璀璨奪目，巧奪天工。

慈禧的鳳鞋上，雖然鑲滿了珍寶，但慈禧最愛的仍然是珍珠。據記載：慈禧認為，珍珠是最適於鳳鞋的飾物。因而不管哪一雙鳳鞋，她都要讓人鑲上珍珠，鞋面上據說最多鑲有珍珠近四百顆，繡成各種紋樣，雍容華貴。

而且，在慈禧的殉葬物中有大小珍珠約三萬三千〇六十四萬顆，其中的金絲珠被鑲有八分的大珠一百顆、三分的珠三百〇四顆、六厘的珠一千兩百顆、米粒珠一萬〇五百顆等。

據《愛月軒筆記》記載：慈禧死後棺裡鋪墊的金絲錦褥上鑲嵌的珍珠，就有一萬兩千六百〇四顆，其上蓋絲褥的上鋪，一錢重的珍珠有兩千四百顆；遺體頭戴的珍珠鳳冠，頂上鑲嵌的一顆珍珠重達四兩，大如雞卵，而棺中鋪墊的珍珠尚有幾千顆，僅遺體上的一張珍珠網被就有珍珠六千顆。

古人把珍珠的品級，定得十分苛細繁瑣，以至在清初已「莫能盡辨」了。《南越志》說珠有九品，直徑〇點五吋至一吋上下的為「大品」；一邊扁平，一邊像倒置鐵鍋即覆釜形的為「璫殊」，也屬珍品；把走珠、滑珠算是等外品。

【閱讀連結】

珍珠作為古人眼中的珍寶，被寫入歷代文學作品中。

如《戰國策·秦策五》有「君之府藏珍珠寶石」；唐代李咸〈富貴曲〉一詩說「珍珠索得龍宮貧，膏腴刮下蒼生背」；明代宋應星的《天工開物·珠玉》中有「凡珍珠必產蚌腹……經年最久，乃為至寶」；元代馬致遠〈小桃紅·四

公子宅賦·夏〉一曲中有「映簾十二掛珍珠，燕子時來去」；而清代陳維崧〔醉花陰·重陽和漱玉韻〕一詞也寫「今夜是重陽，不卷珍珠，陣陣西風透。」

▌海洋珍奇——珊瑚

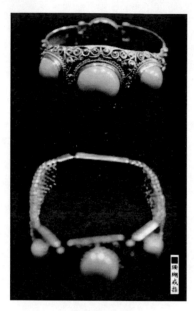

■珊瑚戒指

珊瑚是海洋中的珊瑚蟲群體或骨骼化石。珊瑚蟲是一種海生動物，食物從口入，食物殘渣從口排出，牠以捕食海洋裡細小的浮游生物為食，在生長過程中分泌出石灰石，變為自己生存的外殼。

珊瑚既是來自海洋的寶石，也是佛教七寶之一，與宗教、權勢有著密不可分的聯繫。

在古代神話裡，一位英雄和蛇髮女妖戰鬥，最終戰勝了女妖。女妖的鮮血染紅了英雄身上的花飾，掉落的花飾就變成了紅色的「珊瑚」。因此，古代有些將士用紅珊瑚裝飾盔甲、戰袍和武器，以祈求好運相隨，戰神庇護。

古人常在小孩脖子上掛些珊瑚枝，深信珊瑚有驅魔的能力，能保佑孩子健康安全，這種觀念在後世依然很流行。

生活在海洋附近的人篤信珊瑚是山湖之父，而且崇拜一切與山水相關之物，珊瑚的精神地位當然非比尋常。

　　珊瑚有魔力的說法自古就有，一位著名的醫生曾經證實：紅珊瑚能預測其主人的健康狀況。他的一位病人喜戴紅珊瑚項鏈，後來他竟然發現，病情加深，珊瑚顏色也變深；當黑斑布滿珊瑚表面時，病人就撒手人寰。

　　據說珊瑚的魔力儲存在天然體表，一旦經人工雕琢，魔力便會消失，因此天然珊瑚更受世人關注。

　　在有些民族，珊瑚是獻給酋長的尊貴禮物，有專人看管，並制訂諸多苛刻的規定：若有遺失，相關人員及家屬一律殺無赦。

　　紅珊瑚是全世界的珍奇，但只有中國古人，才把紅珊瑚文化推向極致。古代皇家貴族將珊瑚配飾於官服上，更顯富貴權重。

　　除制度以外的飾物，珊瑚也被用於如簪、鈕子、手鐲、挑牌、步搖、戒指、耳飾、如意以及數珠手串等，或直接以珊瑚製成，或以珊瑚鑲嵌其中。

　　中國疆域廣大，物產豐饒，但以往珊瑚多來自遙遠的異邦，十分罕見。

　　《漢武故事》中曾記載：「前庭植玉樹。植玉村法，茸珊瑚為枝，以碧玉為葉，花子或青或赤，悉以珠玉為之。」

　　說明當時漢武帝以珊瑚玉樹盆景供奉在神堂之中。

　　漢武帝時還用珊瑚製作成珊瑚弓，錢木內胎、外紅珊瑚珠，常加箭三支，弓長一點四公尺。

　　公元前一世紀，廣南王趙佗向漢武帝進貢了兩棵珊瑚樹，四點三公尺高，各有三杈四百六十枝條，植於皇宮御花園的積翠池，通體鮮紅燦爛，而且「夜有光景」，趙佗稱之「火樹」，一時間成為鎮宮之寶。此後歷代皇宮乃至達官貴人，均以擁有紅珊瑚為自豪。

　　《漢武帝內傳》中記載，武帝將五真圖靈光經等「奉以黃金之箱，封以白玉之函，以珊瑚為軸……」

　　《西京雜記》卷一中稱趙飛燕為皇后時，其弟在昭陽殿賀之以珍貴禮物，其中有珊瑚玦一件。

三國時曹植的詩也說道：「明珠交玉體，珊瑚間木難。」想來當時人們都視珊瑚為植物，並認為值得以明珠和美玉陪襯它。木難也是一種寶珠，傳說是金翅鳥吐沫所成。

晉人苗昌言描繪得更具體，他在《三輔皇圖》中記錄：「漢積翠池中有珊瑚，高一點二丈，一本三棵，上有四百六十三條，云是越王趙佗所獻，號烽火樹。」《格古要論》中也寫道：「珊瑚生大海中山陽處水底。」

說明晉朝時，對珊瑚產出條件及特徵都有所認識。珊瑚生活在深海，古人借助鐵網打撈，珊瑚外觀普遍殘損，完整者少，因此《財貨源流》中記載：「珊瑚大抵以樹高而枝棵多者勝。」

唐朝是中國歷史上的繁盛期，社會財富豐足，女子重視裝扮，婦女以梳高髮髻為時尚，由此各式髮釵也日漸流行。詩人薛逢曾專門賦詩，盛讚唐代仕女頭戴珊瑚髮釵、風情萬種的樣子。

唐朝韋應物在〈詠珊瑚〉中吟：「絳樹無花葉，非石變非瓊。世人何處得，蓬萊石上生。」

由此引發世人追問：珊瑚真是仙人居住的仙山玉樹嗎？

唐代詩人羅隱在〈詠史詩〉寫道：「徐陵筆硯珊瑚架，趙盛賓朋玳瑁簪」；唐彥謙在〈葡萄詩〉寫道：「石家美人金谷遊，羅幃翠幕珊瑚鉤。」

自古珊瑚便被列入佛教七寶中，是信徒進獻與神和人最貴重物品之一。《大阿彌陀經》記載：「佛言：阿彌陀佛剎中，皆自然七寶。所謂黃金、白銀、水晶、琉璃、珊瑚、琥珀、硨磲，其性溫柔，以是七寶相間為地。」「其性溫柔」的象徵，是入選「佛寶」的標準。

此外，《恆水經》說道：「金、銀、珊瑚、珍珠、硨磲、明月珠、摩尼珠」為七寶；《般若經》說：「金、銀、珊瑚、琥珀、硨磲、瑪瑙」為七寶。雖然不同經典有不同說法，但珊瑚大多在七寶之列。

　　佛教認為法器象徵著高尚、純潔、堅毅、安詳、富足、康健和圓滿，因此應以相似特質的寶物製作，方可獲無量功德，紅珊瑚就是因此受到青睞。虔誠的信仰者認為它有驅邪避禍、逢凶化吉的功能，故而視為珍品。

　　藏傳佛教的高級人士也以擁有珊瑚法器為榮。中國藏傳佛教將寶石分成人之寶與神之寶。人之寶是人所飾用，例如金、銀、珍珠、白玉、瑪瑙等；神之寶則屬神專用，包括藍寶石、綠松石、青金石、祖母綠和珊瑚。中國藏族一直視紅珊瑚為如來佛的化身，寺廟佛像大量飾用紅珊瑚。

　　山西省青蓮寺的唐代石碑上意外地發現了珊瑚。青蓮寺始建於北齊天保年間，寺內的唐代石碑取材於周邊的灰岩，灰岩中的珊瑚單體直徑三四公分，它的立體形狀為尖頂錐柱體，中間有一系列向心式的白色縱隔板。

　　除此，唐碑上還有可辨的、白色布紋格狀的層孔蟲碎片、白色珠粒狀海百合莖、盤捲螺等。

　　同時，唐代大醫家寇宗介紹紅珊瑚的鑑別方法：「珊瑚有紅油色者，細縱紋可愛者」為上品。這其實就是產自深海的寶石紅珊瑚；而淺珊瑚也不可能有「紅油狀」色澤，寇宗並且說只有上品，也即寶石珊瑚才能入藥。

　　透過介紹的一些珊瑚鑑別方法，將珊瑚按等級由低到高分為幾類：

　　一等為深紅色珊瑚，俗稱「關公臉」、「大紅棗」珊瑚，多生長海水深處兩百公尺至兩公里之間。質地細膩，色澤鮮豔，加工拋光後有靈光閃爍，很受人們青睞。這種珊瑚，古代多用於皇宮皇冠和官服、朝服、禮服綴飾及項珠、金銀物品的鑲嵌飾物，尤其成為男女愛情的寄情象徵。

　　二等為金紅色珊瑚，俗稱「柿子紅」、「櫻桃紅」、「夕陽吐金」珊瑚。加工拋光後由於紅色中閃耀著金黃色的靈光，給人以神聖的感覺，古代達官貴人特別喜歡這種光感的典雅高貴。因此，金紅色珊瑚也是權貴的象徵，精品頗為稀少，價格比較昂貴。

　　三等為桃紅色珊瑚，俗名叫「女兒紅」、「少婦臉」、「桃花美」珊瑚。桃紅色珊瑚是一種比較稀有的寶石，更是藝術家不可多得的珍貴原料。由於

成形體積較龐大，質地光滑，以桃紅的色感，觸發許多藝術家的靈感，從而被製作成大型、觀賞性較強的藝術品。

四等為粉紅色珊瑚，俗名叫「嬰兒臉」、「粉底紅」珊瑚。這種珊瑚色澤奇異，柔嫩和諧，也是寶玉石中比較稀有的有機寶石。給人天然情趣的美感，並在加工拋光後令人有千嬌百媚，美不勝收的藝術享受。據說這種珊瑚做成首飾後，長期佩戴能活血明目，促進體內機能的保健。

五等為白色珊瑚，俗名稱「棉花白」、「寒冬雪」珊瑚。白色珊瑚，由於它潔白無瑕，亭亭玉立，沒有絲毫粉飾和造作，給人高貴典雅，自立、自珍、自愛的真善美藝術享受，無數男女、儒家學者及藝術工匠都給予極高的評價。

最高級的是黑色珊瑚，俗稱叫「海樹」、「夜貍歡」、「黑寶貝」珊瑚。黑色珊瑚因色澤凝重、莊嚴肅穆，令人有古樸濃烈、深沉執著的感覺，且「黑金」價值高於黃金好幾倍，故備受皇家青睞。

宋代時，珊瑚的用途相對固定，體型大而完整，或外形破損小者，通常作擺件陳設於廳堂；殘損嚴重、質次者，取其枝丫製成小件個人裝飾。

宋《玉海》在朝貢條中有記載：「乾德二年十二月，來自甘州的貢品中有珊瑚玉帶。」

在古代，珊瑚是穿戴飾物不可缺少的材料，尤其是蒙古、新疆、西藏一帶人們的飾物，無不以珊瑚和綠松石、青金石。

明代起，皇城中調令專門收藏金珠、玉帶、珊瑚、寶石等的倉庫，文華殿便是明代的皇家珠寶庫。

如明代珊瑚彌勒佛，高八公分，長十七公分，以珊瑚橫臥肖形佛祖彌勒。彌勒佛在大乘佛教經典中又常被稱為阿逸多菩薩，是釋迦牟尼佛的繼任者，將在娑婆世界降生成佛，成為娑婆世界的下一尊佛，在賢劫千佛中將是第五尊佛，常被尊稱為下生的彌勒尊佛。被唯識學派奉為鼻祖，其龐大思想體系由無著、世親菩薩闡釋弘揚，深受中國佛教大師道安和玄奘的推崇。

　　同時，明代珊瑚還加入普通藥用，《本草綱目》記載珊瑚有消宿血、為吹鼻止鼻出血、明目鎮心、止驚癇、點眼去飛絲的作用。

　　在清代，珊瑚更是應用得非常廣泛，服飾制度中規定很多飾物一定要以珊瑚為之，例如皇帝在行朝日禮儀中，經繫嵌帶版的朝帶、戴珊瑚朝珠。

　　皇太后、皇后在非常隆重的場合穿朝服時，必須要戴三串朝珠，其左右兩串為珊瑚；而皇貴妃、皇太子妃、貴妃以及妃等，除了中央一串為琥珀與太后的東珠有所區別以外，另外兩串也是以珊瑚為材料。嬪及貝勒夫人、輔國夫人等，戴在中間的一串朝珠，一定要由珊瑚製成。

　　此外，當皇太后及命婦穿朝服時，頸項間要佩飾的領約，也是以鑲嵌的珊瑚和東珠數目的多寡，區別品階的高低，可見清廷服飾制度中，所需珊瑚的量非常龐大。

　　如清盤長纏枝紋鎏金鑲珊瑚銀冠，為蒙古王爺所用之物。

　　清朝官吏實行九品官制，級別大小可以從帽子上不同的頂珠區別：一品用紅寶石，二品用珊瑚，三品用藍寶石，四品用青金石，五品用水晶，六品用硨磲，七品用素金，八品用陰文鏤花金頂，九品用陽文鏤花頂。這些頂珠不得隨意更替，更不得私自改換飾物種類。

　　《國朝宮史》記載：乾隆二十六年皇太后七十聖誕，所敬的貢品中就有「玉樹珊瑚梔子南天竺」盆景一件。

　　清代高官和珅富可敵國，以家藏十六株約一點三公尺的紅珊瑚為代表，為當時之絕品。

　　清代官職品級服飾：清代官員穿的官服叫「補服」，補服胸前繡有各式各樣的圖案；其實，無論文臣武將，穿戴的服飾都有著嚴格的規定。

　　至於制度以外的飾物，如簪、齋戒牌、如意以及數珠手串等，都少不了以珊瑚製成，或鑲飾珊瑚。其中珊瑚手鐲，則是將一段段弧形的珊瑚，精確地榫接起來，再施以彩蠟填補、雕琢、拋光而成。珊瑚如意則需要較大枝幹的珊瑚原材料雕琢。

公元一八三五年十一月，奕紀等奉旨清查圓明園庫存物件，珊瑚如意有十四件。

在清宮發現有一件珊瑚魁星點獨占鰲頭盆景，雕刻的珊瑚魁星，手執縈絲點翠鑲珍珠之北星座，站立在以翡翠雕琢成的鰲龍頭上，組成魁星踢斗的畫面，意寓應試高中，獨占鰲頭。這種以玉與珊瑚組裝成盆景的藝術表現形式比較獨特、別緻。

另外還有清代中期造辦處造珊瑚寶石福壽綿長盆景，通高六十九公分，盆高二十一公分，盆徑二十七公分至二十四點五公分。銅胎銀累絲海棠花式盆，口沿鏨銅鍍金蕉葉，近足處鏨銅鍍金蝠壽紋，盆壁以銀累絲燒藍工藝在四壁的菱花形開光中組成吉祥圖案。

盆正背兩面為桃樹、麒麟紋，左右兩側面為鳳凰展翅紋。盆座面滿鋪珊瑚米珠串，中央疊綠色染石山，山上嵌一棵紅珊瑚枝幹的桃樹，樹上深綠色的翠葉叢中掛滿各色蜜桃，有紅、黃色的蜜蠟果，粉、藍色的碧璽果，綠色的翡翠果，白色的砗磲及異形大珍珠鑲製的果實，紅、粉、黃、藍、綠、白相間，五彩繽紛。

此景盆工藝雖銀絲已氧化變黑，然而仍不掩其工藝之精湛。盆上桃樹景緻枝紅、葉綠、果豔，玲瓏珍奇，璀璨奪目。

清代流行吸鼻煙，因此各種材質的鼻煙壺也應運而生，如銅、玉甚至金銀、琉璃等，珊瑚製成的更為珍貴。

清代人視珊瑚為華貴的象徵，尤其崇尚紅色珊瑚。除了顏色要紅以外，珊瑚的整體色澤要鮮豔、色調分布要均勻協調，不可黯澀或有斑點和雜質。

如清紅珊瑚鼻煙壺，通高五點八公分，腹寬四點九公分，鼻煙壺腹部呈扁狀，有浮雕紋飾，翡翠蓋子連著竹勺，乃清代中期作品。

【閱讀連結】

隨著醫學發展，人們逐漸發現紅珊瑚還具有促進人體新陳代謝、調節內分泌的特殊功能，因此有人把它與珍珠一道稱為「綠色珠寶」。

　　可見，無論是遠古先民，還是當今世人，無論是宮廷朝官，還是平民百姓，他們對紅珊瑚都有真摯虔誠的信仰和強烈獨特的偏愛，這一切為紅珊瑚文化的傳承奠定了豐厚的人文基礎。

▌萬年虎魂──琥珀

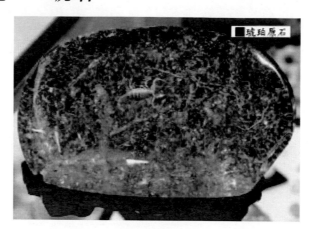

▪琥珀原石

世上有「千年蜜蠟，萬年琥珀」的說法。由此可知琥珀之古老。

距今四五千萬年以前的地球上，覆蓋著茫茫的原始森林。由於受狂風暴雨摧折，雷電轟擊，野獸踐踏，樹木枝幹斷裂。其中松科植物斷裂的「傷口」處流出樹脂，因樹脂含有香味便引來許多昆蟲，被黏在上面，包裹進去。

若干萬年以後，由於地殼劇烈運動，大片森林被埋入地層，樹木中的碳質富集起來，變成了煤，樹脂在煤層中則形成了琥珀。

琥珀，中國古代稱為「璽」或「遺玉」、「獸魂」、「光珠」、「紅珠」等，傳說是老虎的魂魄，所以又稱為「虎魄」。而且還根據琥珀的不同顏色、特點劃分為金珀、血珀、蟲珀、香珀、石珀、花珀、水珀、明珀、蠟珀、蜜蠟、紅松脂等。

在中國遠古，皇親貴婦就視琥珀為吉祥之物：新生兒佩戴可避難消災，一生平安；新人戴上可永保青春，夫妻和睦幸福。因為那時人們認為琥珀是「虎斃魄入地而成」，佛教界也視琥珀為聖物。

對於琥珀最早的文字記載見於《山海經·南山經》：

「招搖之山，臨於西海之上，麗之水出焉，西流注於海，其中多育沛，佩之無瘕疾……」

文中提到的「育沛」即琥珀，佩戴它可無疾病，表明人們對琥珀的性質已有一定的瞭解。育沛為琥珀的古稱，如《石雅》中寫道：「中國古曰育沛，後稱琥珀，急讀之，音均相近，疑皆方言之異讀耳。」中國最早的琥珀製品，見於四川省廣漢三星堆祭祀坑，為一枚心形琥珀墜飾，一面陰刻蟬背紋，一面陰刻蟬腹紋。

馬王堆墓中裹骸骨的竹蓆保存完好，但頭顱倒置，裹置在席內，還有一隻平頭鞋卻露在蓆外；發現的殉葬棺，棺身雖然有一些腐朽，但棺內骸骨還沒完全化為泥土，在死者手腕西側發現兩枚琥珀珠。

漢代對琥珀的性質有了更深的認識，如王充《論衡·亂龍》記載：「頓牟掇芥」，其中「頓牟」即指「琥珀」，在《周易正義》的疏中也有「琥珀拾芥」的記載，從這些記錄可以瞭解到琥珀會產生靜電已被先民知曉。

漢初陸賈的《新語·道基》中，對琥珀的產出狀況也有描述：「琥珀珊瑚，翠羽珠玉，山生水藏，擇地而居，潔清明朗，潤澤而濡。」琥珀與珊瑚並列，說明當時的人認為琥珀與珊瑚一樣，都應在水中找尋。

漢代多對琥珀的產地進行記錄，如《漢書西域傳上罽賓國》：「出封牛……珊瑚、虎魄、璧流離。」罽賓國為漢代西域國名，在後世如《南北朝·魏書》、《隋書》等很多文獻中都有西域產琥珀之說，而且《後漢書》記載：「謂出哀牢」，《後漢書·西域傳》又曰：「大秦國有琥珀。」

漢代已有大量的琥珀製品出現，多為飾品，如江蘇省揚州市邗江區甘泉東漢墓發現的漢代琥珀製司南珮、江西省發現有漢代琥珀印、琥珀獸形佩等，而且這些琥珀製品的形制，大都是借鑑其他的材質的題材。

司南珮是始於漢代的辟邪器物之一，形若工字形，扁長方體，其構造上有勺，下有地盤，中間有穿孔，勺總是指向南方，讓人不會迷失方向。

　　如江蘇省揚州市邗江區甘泉東漢墓發現的東漢血紅琥珀司南珮，長二點五公分，內部脂質清晰可見，表面經土沁略為粗糙。「工」字形，為簡化司南珮，可以佩掛。

　　東漢琥珀瑞獸，外形呈伏臥狀，圓胖可愛。瑞獸通長五公分，高三點五公分，寬三點二公分，體型之大，在中國已發現的同類物中屬罕見，中部還有一穿孔，應該是古人用來穿繩佩戴。

　　漢代人在雕刻玉器和琥珀等時，喜歡用外形象「八」字的刀法來雕刻。這種刀法簡潔矯健、鋒芒有力，後人稱為「漢八刀」，而這枚琥珀瑞獸也是用「漢八刀」的刀法來雕刻。

　　根據顏色，這枚琥珀瑞獸呈紅色，晶瑩透亮，屬珍貴的血珀。

　　琥珀自古就被視為珍貴的寶物，因為琥珀來自松樹脂，而松樹在中國又象徵長壽。有的琥珀不必點火燃燒，只需稍加撫摩，即可釋出迷人的松香氣息，具有安神定性的功效，被廣泛做成宗教器物。

　　自古中國人就喜愛松香，視琥珀和龍涎香為珍貴的香料，唐《西京雜記》記載，漢成帝的皇后趙飛燕就是以枕琥珀枕頭攝取芳香。

　　晉代對於琥珀的形成有三種見解：

　　第一種見解如郭璞《玄中記》說道：「楓脂淪入地中，千秋為虎珀。」認為是由楓樹的樹脂落入地中經千年化成琥珀。

　　張華《博物誌》中有兩種見解，一為松脂千年入地為茯苓，而後茯苓變為琥珀，如其卷四中引《神仙傳》說道：「松柏脂入地千年化為茯苓，茯苓化琥珀」，其中，茯苓為寄生在松樹根上的菌類植物。

　　但當時已有人對張華的說法有所懷疑，並提出琥珀可能是燃燒蜂巢而成的看法，說：「今泰山出茯苓而無琥珀，益州永昌出琥珀而無茯苓，或云燒蜂巢所作。」

　　直至南北朝時期，才出現了關於琥珀成因的正確記載，如梁代陶弘景在《神農本草經集注》中記載：「琥珀，舊說松脂淪入地千年所化。」

　　總體來說，三國、兩晉、南北朝時期的琥珀製品延續了漢代的風格，但數量相對漢代有所減少。多為飾品，但也出現了實用器，如《拾遺記》中說道：「或以琥珀為瓶杓。」另外還發現有魏晉雙龍紋琥珀雕、琥珀雕豬握等。

　　琥珀雕豬握為橘紅色，長九點五公分，高三點二公分，寬二點二公分。豬握呈長條形，平臥狀，形體細長，造型樸拙粗獷，似為漫不經心雕刻而成，但卻透著一股靈氣，讓人喜愛。

　　豬握，作為隨葬品的一種，大多握在死者的手中，常作為主人擁有財富的象徵，一般由玉、石、木等材料製成。這件豬握材質為琥珀，在同類器物中較為罕見。

　　從這件琥珀雕豬握，可以看出魏晉時期的雕刻承襲了漢代人崇尚簡潔、粗獷、豪放的風格特點。在造型上，往往以一種大寫意手法刻畫動態。

　　寥寥數刀，一個憨態可掬的臥豬的形象就呼之欲出了，多一刀，嫌過了；少一刀，又不足的感覺。

　　這件器物把琥珀特有的質感特性與異常簡潔的整體形象結合，使豬握顯得雍容大度、古拙耐看。它把豬憨厚、溫順的內在美與琥珀鮮亮光潔的色彩美凝為一體，不失為一件難得的佳作，具有極高的歷史價值和藝術價值。

　　人們也開始認識琥珀的藥效，如《宋書·武帝紀下》：「寧州嘗獻虎魄枕，光色甚麗。時諸將北征需琥珀治金瘡，上大悅，命搗碎以付諸將。」

　　其實琥珀可以加工成飾物或是念珠之外，慧眼獨具的中國人更把琥珀選為一味藥材。

　　南北朝陶弘景所著的《名醫別錄》中概括了琥珀的三大功效：一是定驚安神，二是活血散瘀，三是利尿通淋。

　　唐代《杜陽雜編》中記載琥珀可止血療傷；《本草綱目》也記載：「安臟定魂魄，消淤血療蠱毒，破結痂，生血生肌，安胎……」說的就是琥珀的療效。

　　唐朝詩人韋應物對琥珀有這樣的描述：

「曾為老茯苓，原是寒松液。蟻蚋落其中，千年猶可觀。」

可見琥珀與中國文化早已結緣，只是由於的原料太珍稀和生產工藝的複雜，使它無法在中國的飾品文化中占有很大的份額。

在唐代，琥珀由於誘人的顏色，晶瑩透徹與酒相似，也經常被比喻為美酒，這也是琥珀常被作為杯子等器皿的原因。

如劉禹錫在〈劉駙馬水亭避暑〉中記載：「琥珀盞紅疑漏酒，水晶簾瑩更通風。」李白在〈客中行〉說道：「蘭陵美酒鬱金香，玉碗盛來琥珀光。」

雖然此現代人對琥珀更加瞭解，但唐代琥珀並不多見。現今唯一有發現琥珀的唐代墓葬，為河南省洛陽齊國太夫人墓，其中多為工藝精湛的飾品，如五件梳背中玉質梳背兩件，琥珀梳背兩件，高浮雕飛鳳紋。

至宋代，關於琥珀的記錄更加的豐富與詳細，如梅堯臣在〈尹子漸歸華產茯苓若人形者賦以贈行〉中對琥珀晶瑩剔透、可有昆蟲包體、靜電效應等進行描述，記錄了此時琥珀器物多紋飾、珍貴且價值不菲：

「外凝石棱紫，內蘊瓊腴白。

千載忽旦暮，一朝成琥珀。

既瑩毫芒分，不與蚊蚋隔。

拾芥曾未難，為器期增飾。

至珍行處稀，美價定多益。」

人們還用它來祝壽，如張元千在〈紫岩九章章八句上壽張丞相〉寫道：「結為琥珀，深根固柢。願公難老，受茲燕喜。」香珀的定義也被引入文中，如張洪在〈酬答鄱陽黎祥仲〉寫道：「六丁護香珀，千歲以為期。」

而宋代黃休復在《茅亭客話》中，也記有老虎的魂魄入地化作琥珀的傳說。

明清時期，人們對於琥珀的來源、形成、分類、藥效都有系統的瞭解，並對如何鑑別琥珀也有一定的經驗。

如明代謝肇淛的《五雜俎·物部四》中記錄：「琥珀，血珀為上，金珀次之，蠟珀最下。人以拾芥辨其真偽，非也。偽者傅之以藥，其拾更捷。」

清代谷應泰在《博物要覽·卷八》記載：「琥珀之色以紅如雞血者佳，內無損絡及不淨黏土者為勝，如紅黑海蟄色及有泥土木屑黏結並有瑩絡者為劣。」這些關於琥珀分類等的記錄，無不反映了當時人們喜愛琥珀的風尚。

除了分級和鑒定，人們已經開始對琥珀進行優化，如明末清初的《物理小識·卷七》記載：「廣中以油煮蜜蠟為金珀。」可知以加熱使不透明的蜜蠟變為金珀的方法在清初已有，並一直沿用。

總體來說，明清兩朝發現的琥珀多為顏色豔麗均勻，質地緻密，無雜質的上品，而且此時對於琥珀的加工工藝也更加精湛。

如明代琥珀佩件，直徑五點五公分，邊厚〇點三公分，中間厚〇點六公分，雕刻精美，刀法流暢，上有篆刻「通靈寶玉」四字。

明代琥珀彌勒佛擺件，用原色琥珀雕成，高八點五公分，通體紅褐色。彌勒佛席地而坐，開懷大笑，大肚高高隆起，形象生動。其雕工技法嫻熟，衣紋線條流暢，通體光亮圓潤，有明代風格特徵，是一件難得的琥珀佳作。

在黔寧王沐英的十世孫沐睿墓中，發現了明漁翁戲荷琥珀杯，高四點八公分，琥珀杯選用上等血珀製成，中間雜黑色條紋，質感透明溫潤。杯主體分兩大部分，杯身呈荷形，杯身一側淺刻出一隻魚鷹，另一側雕出荷梗與水草，寥寥數刀便刻畫得入木三分，極有韻致。

杯柄為一圓雕的漁翁，漁翁髮髻高挽，上身裸露，雙臂粗壯有力，身背魚簍，足蹬高靴，左手緊握一魚，魚嘴上昂，似在掙扎呼吸，魚鱗清晰可辨，一副鮮活的神態。漁翁的右手緊握杯口，全身呈側倚狀，雙眼直視前方正開懷大笑，其面部表情刻畫得唯妙唯肖，生動傳神。此杯構思奇巧，雕琢精妙，融寫實性與藝術性於一身，代表了明朝傑出的琥珀工藝水平。

特別令人稱絕的是其面部表情的刻畫，漁翁雙眼微瞇，大嘴咧開，正發出會心的笑聲，是捕到魚後的興奮與滿足，抑或是水上生涯的愜意與陶醉？給人以無窮的藝術遐想。

　　琥珀杯的作者正是抓住漁翁面部一瞬間的神態渲染整體藝術效果，作者甚至連漁翁的眉毛、眼睛都刻畫得唯妙唯肖，真正造成了「點睛」的作用。而斜倚的造型、有力的身軀、生動的表情、靈巧的腿腳，迸發出勃勃生機，顯示出強烈的動態美。同時，斜倚著的漁翁不僅是琥珀杯的傳神之處，而且還作為琥珀杯的把手，這又不由得不令人佩服作者的匠心獨運、構思奇巧了！

　　墓中還發現了金鏈琥珀掛件，一塊水滴狀琥珀上繫一條金鏈，琥珀質地純淨，內有兩個天然氣泡，匠師在琥珀外壁處依照氣泡之形陰線勾出兩只仙桃，襯以枝葉。並在反面陰刻行書「瑤池春熟」四字。

　　清代琥珀的使用遠比明代以及之前任何歷史時期普遍，尤其是康、乾盛世之時。

　　如清琥珀壽星，長五公分，壽星屈膝盤腿而坐，頭呈三角，天庭飽滿，前額刻三條細紋，笑顏長鬚，右手持靈芝，左手平放，下端飾有草葉及一水禽。全器色澤半透明紅色，雕工尚稱細膩。

　　清琥珀刻詩鼻煙壺，通高六公分，口徑一點二公分，足徑一乘二點八公分。鼻煙壺琥珀質，酒紅色，透明，呈扁方形，壺體兩面雕刻楷書乾隆御題杜甫的七言律詩一首：

　　「城上春雲覆苑牆，江亭晚色靜年芳。林花著雨胭脂濕，水荇牽風翠帶長。

　　龍武親軍深駐輦，芙蓉別殿謾焚香。何時詔此金錢會，暫醉佳心錦瑟房。」

　　末署「乾隆甲午仲春御題」。

　　壺頂有藍色料石蓋，下連牙匙，底有橢圓形足。煙壺內還有半瓶剩餘的鼻煙。

　　另有一件清代琥珀鼻煙壺顏色非常少見，琥珀為半透明的深紅色與赭色相間，有赭斑。器做扁圓形小瓶，平口，短頸，碩腹，淺圈足。全器光素無

雕紋。有珊瑚頂白玉小蓋,無塞及小匙。全高九點一公分,寬五點五公分,厚三點八公分。

朝珠源自數珠,是清代君臣、后妃、命婦穿著朝服或吉服時,垂掛在胸前象徵身分地位的飾物。佩掛時背雲垂在背後,男子將兩串記捻垂在左邊,另一串在右邊,女子則反之。

在清代雖然琥珀稀少,但也有用於製作,如清代金珀朝珠,珠徑一點三八公分,此盤朝珠由一百〇八枚金黃色透明的琥珀串成,每二十七顆間一枚翡翠佛頭,頂端除有佛頭外,還有佛頭塔、碧璽背雲及墜角,另附三串各由十枚珊瑚珠和碧璽墜角組成的記捻。

還有清代刻花琥珀小盒顯得小巧而精緻,琥珀為暗紅色澤,可透光。全器做橢圓形,蓋與器身略相等,蓋面有相對之蝴蝶紋,蓋沿與器壁則飾內勾之幾何紋。高兩公分,長五點一公分,寬三點六六公分。

晚清時期琥珀鼻煙壺,全高六點四三公分,寬五點七五公分,厚三點五五公分。琥珀,不透明橙紅色。器做扁圓形小瓶,平口,短頸,碩腹,淺圈足,全器光素無雕紋,無蓋。

晚清時期宮廷與富貴人家喜歡陳設琥珀雕觀世音像,以持荷立像和坐蓮像較多。鍾馗捉鬼像、八仙像、劉海戲蟾像及壽星公像,雕工精細,神態與衣飾和福建壽山石雕及翠玉雕者十分相近,可說一脈相承。

究其原因,可能那時專雕琥珀件的名家甚少,故大多數兼雕不同的材料,其中一些原本主雕玉石像或者壽山石像。

如琥珀雕和合二仙小擺件,高約六點五公分,為晚清時期名家所雕。清代雍正時,以唐代詩僧寒山、拾得為和合二聖。相傳兩人親如兄弟,共愛一女,臨婚前夕寒山得悉,即離家為僧,拾得也捨女去尋覓寒山。相會後,兩人俱為僧,立廟「寒山寺」。

世傳之和合神像也一化為二,為僧狀,尤為蓬頭之笑面神,一持荷花,一捧圓盒,意為「和(荷)諧合(盒)好」。婚禮之日必掛懸於花燭洞房之中,或常掛於廳堂,以圖吉利。

【閱讀連結】

　　琥珀在中國的歷史源遠流長，一度是財富和地位的象徵，為皇家貴族所用。

　　琥珀作為佛教七寶之一，隨著宗教文化市場的盛行，吸引了大量收藏者，使其價格一路上漲。近幾年，由於人們對於琥珀的文化和特性的深入瞭解，和撫順琥珀礦的資源匱乏，使其價格再創新高。相信這種具有豐富色彩、悠久文化、安神藥效的有機寶石，未來會更受到歡迎和重視。

國家圖書館出版品預行編目（CIP）資料

天然珍寶：珍珠寶石與藝術特色 / 李文靜 編著 . -- 第一版 .
-- 臺北市：崧燁文化，2019.12
　　面；　公分
POD 版

ISBN 978-986-516-138-5（平裝）

1. 寶石 2. 中國

357.8　　　　　　　　　　　　　　　　108018645

書　　名：天然珍寶：珍珠寶石與藝術特色
作　　者：李文靜 編著
發 行 人：黃振庭
出 版 者：崧燁文化事業有限公司
發 行 者：崧燁文化事業有限公司
E-mail：sonbookservice@gmail.com
粉絲頁：　　　　　　　網址：
地　　址：台北市中正區重慶南路一段六十一號八樓 815 室
8F.-815, No.61, Sec. 1, Chongqing S. Rd., Zhongzheng
Dist., Taipei City 100, Taiwan (R.O.C.)
電　　話：(02)2370-3310 傳　真：(02) 2388-1990
總 經 銷：紅螞蟻圖書有限公司
地　　址：台北市內湖區舊宗路二段 121 巷 19 號
電　　話:02-2795-3656 傳真 :02-2795-4100　　網址：
印　　刷：京峯彩色印刷有限公司（京峰數位）
　　本書版權為現代出版社所有授權崧博出版事業有限公司獨家發行電子書及繁體
　　書繁體字版。若有其他相關權利及授權需求請與本公司聯繫。
定　　價：200 元
發行日期：2019 年 12 月第一版
◎ 本書以 POD 印製發行